案例
CASE

对素材进行编组   P041
在线视频：练习2-1对素材进行编组.mp4

对素材进行嵌套   P042
在线视频：练习2-2对素材进行嵌套.mp4

替换素材操作   P045
在线视频：练习2-3替换素材操作.mp4

替换素材音频   P047
在线视频：练习2-4替换素材音频.mp4

插入与覆盖编辑

P051

在线视频：练习2-6插入与覆盖编辑.mp4

调整素材播放速度

P055

在线视频：练习2-9调整素材播放速度.mp4

素材分割操作

P056

在线视频：练习2-10素材分割操作.mp4

创建通用倒计时片头

P058

在线视频：练习2-11创建通用倒计时片头.mp4

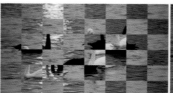

在视频中添加过渡效果

P065

在线视频：练习3-1在视频中添加过渡效果.mp4

编辑过渡效果

在线视频：练习3-2编辑过渡效果.mp4

P067

飘落的枫叶效果

在线视频：练习3-4飘落的枫叶效果.mp4

P074

制作网格转场效果

在线视频：训练3-1制作网格转场效果.mp4

P078

制作宠物电子相册

在线视频：训练3-2制作宠物电子相册.mp4

P079

使用"切换动画"按钮添加关键帧

在线视频：练习4-2使用"切换动画"按钮添加关键帧.mp4

P083

在"节目"监视器面板中添加关键帧 P086
在线视频：练习4-4在"节目"监视器面板中添加关键帧.mp4

复制关键帧操作 P090
在线视频：练习4-6复制关键帧操作.mp4

调整缩放运动速率 P099
在线视频：训练4-2调整缩放运动速率.mp4

为素材应用"键控"效果 P102
在线视频：练习5-1为素材应用"键控"效果.mp4

合成鸡蛋场景 P108
在线视频：训练5-2合成鸡蛋场景.mp4

打造斑驳旧照片效果 P118

在线视频：练习6-2打造斑驳旧照片效果.mp4

为字幕添加修饰效果 P146

在线视频：练习7-3为字幕添加修饰效果.mp4

9.1 卷帘转场特效 P171

在线视频：9-1卷帘转场特效.mp4

9.2 蒙版转场特效 P174

在线视频：9-2蒙版转场特效.mp4

收缩拉镜转场特效 P182
在线视频：训练9-1收缩拉镜转场特效.mp4

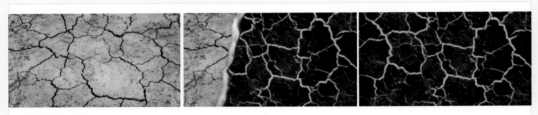

火焰转场特效 P182
在线视频：训练9-2火焰转场特效.mp4

10.2 **画面经典倒放效果** P187
在线视频：10-2画面经典倒放效果.mp4

多画面分屏效果 P190
在线视频：10-3多画面分屏效果.mp4

视频描边特效

P195

在线视频：训练10-2视频描边特效.mp4

11.2 保留画面单色

P199

在线视频：11-2保留画面单色.mp4

11.3 打造梦幻鲸鱼岛画面

P202

在线视频：11-3打造梦幻鲸鱼岛画面.mp4

打造胶片电影风格影片 P206

在线视频：训练11-1打造胶片电影风格影片.mp4

12.1 故障毛刺文字 P209

在线视频：12-1故障毛刺文字.mp4

12.3 雾面玻璃文字 P215

在线视频：12-3雾面玻璃文字.mp4

霓虹闪烁文字 P219

在线视频：训练12-1霓虹闪烁文字.mp4

复古卡拉OK风格字幕 P220

在线视频：训练12-2复古卡拉OK风格字幕.mp4

零基础学

Premiere Pro 2020

全视频教学版

高清雪 高清云 ◎ 编著

人民邮电出版社

北京

图书在版编目（CIP）数据

零基础学Premiere Pro 2020：全视频教学版 / 高
清雪，高清云编著. -- 北京：人民邮电出版社，
2021.1
ISBN 978-7-115-54707-1

Ⅰ．①零… Ⅱ．①高… ②高… Ⅲ．①视频编辑软件
Ⅳ．①TN94

中国版本图书馆CIP数据核字(2020)第156931号

内 容 提 要

本书通过基础知识讲解与练习相结合的形式，详细介绍了视频编辑软件 Premiere
Pro 2020 的应用技巧。全书共 12 章，分为入门篇、提高篇、精通篇和实战篇。本书以
循序渐进的方式为读者讲解了 Premiere Pro 2020 快速入门、素材编辑基础、视频的转场
效果、动画效果的创建、叠加与抠像技术、颜色的校正与调整、创建字幕与图形、音频
处理等内容；并且安排了 4 章实战案例，深入剖析了利用 Premiere Pro 2020 制作视频转
场特效、制作视频视觉特效、为视频调色、制作文字效果的方法和技巧，使读者在系统、
全面地学习 Premiere Pro 2020 的基本概念和基础操作后，还可以借助大量精美的实战案
例，拓展设计思路。

本书提供所有练习和训练的素材文件、效果源文件和在线教学视频，读者在学习过
程中可以随时调用。

本书适合 Premiere Pro 2020 的初级用户学习和使用。此外，本书还可供广大视频编
辑爱好者、影视动画制作者、影视编辑从业人员阅读参考，也可以作为培训机构、大中
专院校相关专业的教学参考书或上机指导用书。

◆ 编　　著　高清雪　高清云
　　责任编辑　张丹阳
　　责任印制　马振武

◆ 人民邮电出版社出版发行　　北京市丰台区成寿寺路 11 号
　　邮编　100164　　电子邮件　315@ptpress.com.cn
　　网址　https://www.ptpress.com.cn
　　北京瑞禾彩色印刷有限公司印刷

◆ 开本：700×1000　1/16
　　印张：13.75
　　字数：297 千字　　　　　　　2021 年 1 月第 1 版
　　印数：1 – 2 500 册　　　　　2021 年 1 月北京第 1 次印刷

定价：69.80 元

读者服务热线：(010)81055410　印装质量热线：(010)81055316
反盗版热线：(010)81055315
广告经营许可证：京东市监广登字 20170147 号

本书由作者根据多年的教学实践经验编写而成，旨在满足 Premiere Pro 2020 的初学者、视频编辑爱好者、影视相关从业人员等读者群体的实际需求。本书以讲解软件应用为主，全面且系统地讲解了使用 Premiere Pro 2020 编辑视频时涉及的各类工具、命令和功能参数的应用。

本书内容

在内容上，本书将每个实例与知识点的应用相结合，由浅入深地进行讲解，让读者在学习基础知识的同时，掌握这些知识的应用技巧。全书共计 12 章，分为入门篇、提高篇、精通篇和实战篇。入门篇包括第 1、2 章，主要讲解了 Premiere Pro 2020 的入门操作，包括认识工作界面、设置首选项、项目的基本操作、输出影片、素材文件的基本操作、编辑素材文件和新元素的创建等内容。提高篇包括第 3~5 章，主要讲解了过渡效果的类型、使用视频效果、关键帧的基本操作、关键帧插值、"键控"效果的应用等内容。精通篇包括第 6~8 章，主要讲解了"图像控制"效果、"过时"效果、"颜色校正"效果、字幕的基本操作、调整字幕及图形的外观、使用字幕样式、创建图形元素、音频的基本调节、"音频剪辑混合器"等内容。实战篇包括第 9~12 章，这 4 章从 Premiere Pro 2020 的不同应用层面出发，为读者精心挑选了视频转场特效、视频视觉特效、视频的调色处理、制作文字效果这 4 种类型的多个实战案例进行详细讲解，为读者提供了较好的"临摹"范本。读者只要耐心地按照书中的步骤去完成每一个实例，就能有效地提高自己的实战技能和艺术审美能力，从一个初学者"蜕变"为视频制作高手。

本书特色

1. 全新写作模式。本书的写作模式为"命令讲解＋详细文字讲解＋技巧＋练习"，使读者能够以全新的形式掌握 Premiere Pro 2020 的应用方法和技巧。

2. 在线教学视频。本书为读者安排了课堂练习和课后拓展训练，配备的在线视频不仅详细演示了 Premiere Pro 2020 的基本使用方法，还逐步分解实例的制作过程，使读者能享受专业老师"面对面"的指导。

3. 实用性强，上手轻松。本书结合重点知识安排了相关实例，并且在实例旁附有相关的"技巧"栏目，可以帮助读者进一步解决视频制作过程中的常见问题并总结解决方法。书中的实例针对性强，且学习任务明确，可以有效帮助读者在短时间内掌握操作技巧，并解决实际工作中的问题。

4. 适合想要快速上手的读者。本书可以帮助读者从入门到入行，在全面掌握 Premiere Pro 2020 使用方法和技巧的同时，掌握视频制作的专业知识及创意设计手法，从零到专，进而创作出更多优秀的视频作品。

5. 为了方便读者学习与翻阅，本书在具体的写法上也别具一格，具体总结如下。

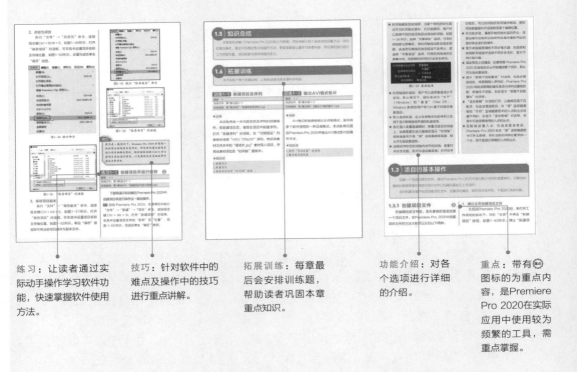

练习：让读者通过实际动手操作学习软件功能，快速掌握软件使用方法。

技巧：针对软件中的难点及操作中的技巧进行重点讲解。

拓展训练：每章最后会安排训练题，帮助读者巩固本章重点知识。

功能介绍：对各个选项进行详细的介绍。

重点：带有 图标的为重点内容，是Premiere Pro 2020在实际应用中使用较为频繁的工具，需重点掌握。

鸣谢

　　本书由麓山图书工作室编著，在此感谢所有创作人员对本书的辛苦付出。在编写本书的过程中，我们以科学、严谨的态度，力求精益求精，但疏漏之处在所难免。如果有任何技术上的问题，或有更好的建议，欢迎发邮件到 lushanbook@qq.com 与我们联系。

编者

2020年8月

资源与支持
RESOURCES AND SUPPORT

本书由"数艺设"出品，"数艺设"社区平台（www.shuyishe.com）为您提供后续服务。

配套资源

所有练习和训练的素材文件和效果源文件，读者在学习时可调用文件进行练习。

所有练习和训练的在线教学视频，读者可通过 PC 端或移动端观看，配合书中内容进行学习。

资源获取

在线视频

提示：微信扫描二维码，点击页面下方的"兑"→"在线视频 + 资源下载"，输入 51 页左下角的 5 位数字，即可观看视频。

"数艺设"社区平台，为艺术设计从业者提供专业的教育产品。

与我们联系

我们的联系邮箱是 szys@ptpress.com.cn。如果您对本书有任何疑问或建议，请您发邮件给我们，并请在邮件标题中注明本书书名及 ISBN，以便我们更高效地做出反馈。

如果您有兴趣出版图书、录制教学课程，或者参与技术审校等工作，可以发邮件给我们；有意出版图书的作者也可以到"数艺设"社区平台在线投稿（直接访问 www.shuyishe.com 即可）。如果学校、培训机构或企业想批量购买本书或"数艺设"出版的其他图书，也可以发邮件联系我们。

如果您在网上发现针对"数艺设"出品图书的各种形式的盗版行为，包括对图书全部或部分内容的非授权传播，请您将怀疑有侵权行为的链接通过邮件发给我们。您的这一举动是对作者权益的保护，也是我们持续为您提供有价值的内容的动力之源。

关于"数艺设"

人民邮电出版社有限公司旗下品牌"数艺设"，专注于专业艺术设计类图书出版，为艺术设计从业者提供专业的图书、U 书、课程等教育产品。出版领域涉及平面、三维、影视、摄影与后期等数字艺术门类，字体设计、品牌设计、色彩设计等设计理论与应用门类，UI 设计、电商设计、新媒体设计、游戏设计、交互设计、原型设计等互联网设计门类，环艺设计手绘、插画设计手绘、工业设计手绘等设计手绘门类。更多服务请访问"数艺设"社区平台 www.shuyishe.com。我们将提供及时、准确、专业的学习服务。

目录
CONTENTS

第2篇

提高篇

第3章 视频的转场效果

第4章 动画效果的创建

第 5 章 叠加与抠像技术

第 **3** 篇
精通篇

第 6 章 颜色的校正与调整

第**4**篇
实战篇

第 9 章 视频转场特效

第 10 章 视频视觉特效

第 11 章 视频的调色处理

第 12 章 制作文字效果

第 1 篇

入门篇

第 **1** 章

Premiere Pro 2020
快速入门

在正式开始学习Premiere Pro 2020之前，需要先熟悉和掌握Premiere Pro 2020工作模式的调整、基本参数的设置、项目文件的设置等基本操作，为后续的学习奠定扎实的基础。

教学目标

了解Premiere Pro 2020的工作界面 ｜ 了解常用面板及菜单命令
掌握首选项的设置方法 ｜ 掌握多种格式文件的输出方法

1.1 认识工作界面

首次进入Premiere Pro 2020，看到的界面为默认的"编辑"模式工作界面。该界面主要由标题栏、菜单栏、工具面板、"项目"面板、"效果控件"面板、"时间轴"面板和"节目"监视器面板等区域组成，如图1-1所示。

标题栏

菜单栏

"效果控件"面板

"节目"监视器面板

"项目"面板

"时间轴"面板

工具面板

图1-1 工作界面

1.1.1 调整工作模式 重点

根据制作内容的不同，Premiere Pro 2020为用户提供了"颜色""效果""音频""图形"等工作模式。执行"窗口"→"工作区"命令，在展开的子菜单中可以看到工作模式选项，如图1-2所示，用户可以根据自己的操作习惯进行选择。

图1-2 工作模式选择

下面对Premiere Pro 2020的各个工作模式进行具体介绍。

1. "编辑"模式

执行"窗口"→"工作区"→"编辑"命令，工作界面将变为"编辑"模式，其中"节目"监视器面板与"时间轴"面板为主要工作区域，如图1-1所示。

2. "所有面板"模式

执行"窗口"→"工作区"→"所有面板"命令，工作界面将变为"所有面板"模式，如图1-3所示。该模式的工作界面中基本包括了Premiere Pro 2020的所有面板。面板主要堆叠在界面的右侧。

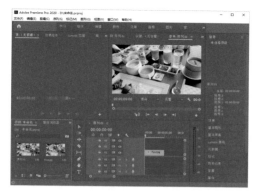

图1-3 "所有面板"模式

3. "元数据记录"模式

执行"窗口"→"工作区"→"元数据记录"命令,工作界面将变为"元数据记录"模式,如图1-4所示。该模式以显示项目的元数据为主要目的。

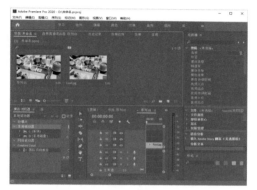

图1-4 "元数据记录"模式

4. "学习"模式

执行"窗口"→"工作区"→"学习"命令,工作界面将变为"学习"模式。进入该模式后,在工作界面的左侧可看到"Learn"(学习)面板,该面板中为用户提供了多个学习项目,非常适合Premiere Pro 2020初学者。在"Learn"面板中单击任意一个学习项目中的"Get Started"(开始)按钮,将打开对应的学习项目,根据提示即可进行学习,如图1-5所示。

图1-5 "学习"模式

5. "效果"模式

执行"窗口"→"工作区"→"效果"命令,工作界面将变为"效果"模式,其中"效果"面板与"效果控件"面板为主要工作区域,如图1-6所示。

图1-6 "效果"模式

6. "图形"模式

执行"窗口"→"工作区"→"图形"命令,工作界面将变为"图形"模式,如图1-7所示。

图1-7 "图形"模式

7. "库"模式

执行"窗口"→"工作区"→"库"命令,工作界面将变为"库"模式,其中"库"面板为主要工作区域,如图1-8所示。

图1-8 "库"模式

8. "组件"模式

执行"窗口"→"工作区"→"组件"命令,工作界面将变为"组件"模式,如图1-9所示。

图1-9 "组件"模式

9. "音频"模式

执行"窗口"→"工作区"→"音频"命令,工作界面将变为"音频"模式,其中"音频剪辑混合器"面板和"基本声音"面板为主要工作区域,如图1-10所示。用户在进行项目音频的编辑处理工作时,可启用该模式。

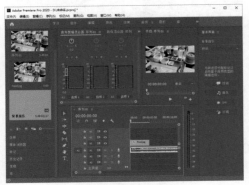

图1-10 "音频"模式

10. "颜色"模式

执行"窗口"→"工作区"→"颜色"命令,工作界面将变为"颜色"模式,其中监视器与"Lumetri颜色"面板为主要工作区域,如图1-11所示。

图1-11 "颜色"模式

1.1.2 熟悉工作面板

在Premiere Pro 2020中,展开"窗口"菜单,可对其中罗列的各个面板进行显示或隐藏。在众多的面板中，"项目"面板、"效果控件"面板、"时间轴"面板和"效果"面板等是视频编辑工作中经常要用到的基本面板。下面具体介绍Premiere Pro 2020中常用的一些面板。

1. "项目"面板

"项目"面板主要用于存放创建的序列和导入Premiere Pro 2020中的素材。在该面板中，用户可以对素材执行插入、复制、清除等操作，还可以预览素材、查看素材详细属性等。"项目"面板如图1-12所示。

图1-12 "项目"面板

2. "媒体浏览器"面板

"媒体浏览器"面板用于快速浏览计算机中的其他素材，还可以导入素材等。"媒体浏览器"面板如图1-13所示。

图1-13 "媒体浏览器"面板

3. "信息"面板

"信息"面板主要用于查看所选素材及当前序列的详细属性，如图1-14所示。

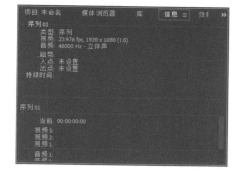

图1-14 "信息"面板

4. "效果"面板

"效果"面板中展示了Premiere Pro 2020所能提供的所有视频效果，并对效果进行了分类，分类文件夹包括预设、Lumetri预设、音频效果、音频过渡、视频效果和视频过渡，如图1-15所示。

图1-15 "效果"面板

5. "标记"面板

"标记"面板如图1-16所示，可在其中查看打开的剪辑或序列中的所有标记。它还显示了与剪辑有关的详细信息，例如彩色编码的标记、入点、出点和注释。单击"标记"面板中的缩览图，可将时间线移动到对应标记所在的位置。

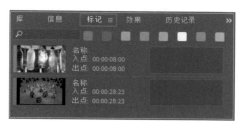

图1-16 "标记"面板

6. "历史记录"面板

"历史记录"面板用于记录历史操作，可在其中删除一项或多项历史操作，也可以对删除过的操作进行还原。"历史记录"面板如图1-17所示。

图1-17 "历史记录"面板

7. 工具面板

工具面板中罗列了Premiere Pro 2020的一些常规素材编辑处理工具，如"选择工具" ▶、"钢笔工具" ✍、"剃刀工具" ◈ 和"文字工具" Ⅰ 等，如图1-18所示。

图1-18 工具面板

8. "时间轴"面板

"时间轴"面板的左侧为轨道状态区，其中显示了轨道名称和轨道控制的功能按钮；面板右侧是轨道编辑区，可以排列和放置剪辑素材，如图1-19所示。

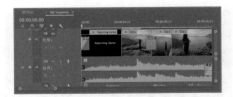

图1-19 "时间轴"面板

9. "源"监视器面板

在"源"监视器面板中，用户可预先打开要添加至序列的素材，自行调整素材的入点和出点，以此来对剪辑前的素材进行内容筛选。此外，还可以在该面板中插入剪辑标记，并将片段素材中的画面或音频单独提取到序列中。"源"监视器面板如图1-20所示。

图1-20 "源"监视器面板

10. "节目"监视器面板

用户可在"节目"监视器面板中回放或预览正在组合的剪辑序列，回放的序列就是"时间轴"面板中的活动序列。用户可以设置序列标记并指定序列的入点和出点。"节目"监视器面板如图1-21所示。

图1-21 "节目"监视器面板

11. "效果控件"面板

"效果控件"面板中显示了素材的固定效果属性，分别为"运动""不透明度""时间重映射"，如图1-22所示。此外，用户可以自定义从"效果"文件夹中添加的各类效果。

图1-22 "效果控件"面板

12. "音频剪辑混合器"面板

在"音频剪辑混合器"面板中，用户可以对音频轨道中的音频素材进行音量调控。该面板中的每条混合轨道与"时间轴"面板中的音频轨道相对应。"音频剪辑混合器"面板如图1-23所示。

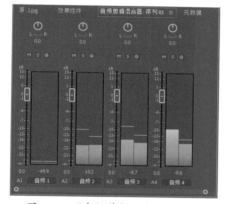

图1-23 "音频剪辑混合器"面板

1.1.3 菜单栏介绍

Premiere Pro 2020的菜单栏中包含了9个菜单，它们分别是文件、编辑、剪辑、序列、标记、图形、视图、窗口和帮助，如图1-24所示。

文件(F) 编辑(E) 剪辑(C) 序列(S) 标记(M) 图形(G) 视图(V) 窗口(W) 帮助(H)

图1-24 菜单栏

下面对这些菜单中包含的命令进行具体介绍。

1. "文件"菜单

"文件"菜单主要用于管理项目文件，可进行新建、打开项目、保存、导出等操作，另外还可采集外部视频素材。"文件"菜单中的命令具体介绍如下。

- 新建：用于创建一个新的项目、序列、素材箱、脱机文件、字幕、彩条或通用倒计时片头等。
- 打开项目：用于打开已经存在的项目。
- 打开最近使用的内容：用于打开最近编辑过的10个项目。
- 关闭：用于关闭当前选择的面板。
- 关闭项目：用于关闭当前打开的项目，但不退出软件。
- 保存：用于保存当前项目。
- 另存为：用于将当前项目重命名保存，同时进入新文件编辑环境中。
- 保存副本：用于为当前项目存储一个副本，存储副本后仍处于原文件的编辑环境中。
- 还原：用于将最近依次编辑的文件或者项目恢复原状，即返回到上次保存的项目状态。
- 同步设置：用于让用户将首选项、键盘快捷键、预设和库同步到 Creative Cloud 中。
- 捕捉：用于通过外部的捕获设备获得视频或音频素材，以及采集素材。
- 批量捕捉：用于通过外部的捕获设备批量地捕获视频或音频素材，以及批量采集素材。
- Adobe Dynamic Link：新建一个链接到 Premiere Pro 2020 项目的 Encore 合成或链接到 After Effects 合成。
- 从媒体浏览器导入：用于将从媒体浏览器中选择的文件导入"项目"面板中。
- 导入：用于将硬盘上的多媒体文件导入"项目"面板中。
- 导入最近使用的文件：用于直接将最近编辑过的素材导入"项目"面板中，不弹出"导入"对话框，方便用户更快更准地导入素材。
- 导出：用于将工作区域中的内容导出成视频。
- 获取属性：用于获取文件的属性或所选择内容的属性，它包括文件和选择两个选项。
- 项目设置：包括常规、暂存盘和收录设置，用于设置视频影片、时间基准和时间显示，可显示视频和音频设置，提供了用于采集音频和视频的设置及路径。
- 项目管理：打开"项目管理器"对话框，即可创建项目的修整版本。

- 退出：退出 Premiere Pro 2020，关闭软件。

2. "编辑"菜单

"编辑"菜单中包括了一些常用的基本编辑功能，如撤销、重做、复制、粘贴、查找等；此外还包括了Premiere Pro 2020中特有的影视编辑功能，如波纹删除、标签等。"编辑"菜单的介绍具体如下。

- 撤销：撤销上一步操作。
- 重做：该命令与撤销是相对的，它只有在执行了"撤销"命令之后才被激活，用于取消撤销操作。
- 剪切：用于剪切选中的内容，然后粘贴到指定的位置。
- 复制：用于将选中的内容复制，然后粘贴到指定的位置。
- 粘贴：与"剪切"命令和"复制"命令配合使用，用于将剪切或复制的内容粘贴到指定的位置。
- 粘贴插入：用于将复制或剪切的内容在指定位置以插入的方式进行粘贴。
- 粘贴属性：用于将其他素材片段上的一些属性粘贴到选中的素材片段上，这些属性包括一些过渡效果和设置的一些运动效果等。
- 清除：用于删除选中的内容。
- 波纹删除：用于删除选定素材且不让轨道中留下空白间隙。
- 重复：用于复制"项目"面板中的素材；只有选中"项目"面板中的素材时，该命令才可用。
- 全选：用于选中当前面板中的全部内容。
- 选择所有匹配项：用于选择"时间轴"面板中的多个源自同一个素材的素材片段。
- 取消全选：用于取消全部选中状态。
- 查找：用于在"项目"面板中查找素材。
- 标签：用于改变"时间轴"面板中素材片段的颜色。
- 移除未使用资源：用于快速删除"项目"面板中未使用的素材。
- 编辑原始：用于将选中的素材在外部软件中

进行编辑，如 Adobe Photoshop 等软件。

- 在 Adobe Audition 中编辑：将音频文件导入 Adobe Audition 中进行编辑。
- 在 Adobe Photoshop 中编辑：将图片素材导入 Adobe Photoshop 中进行编辑。
- 快捷键：用于指定键盘快捷键。
- 首选项：用于设置 Premiere Pro 2020 的一些基本参数，包括常规、音频、音频硬件、自动保存、设备控制、同步设置等。

3. "剪辑"菜单

"剪辑"菜单中的命令主要用于对"项目"面板或"时间轴"面板中的各种素材进行编辑处理。"剪辑"菜单的介绍具体如下。

- 重命名：用于对"项目"面板中的素材和"时间轴"面板中的素材片段进行重命名。
- 制作子剪辑：根据在"源"监视器面板中编辑的素材创建附加素材。
- 编辑子剪辑：编辑附加素材的入点和出点。
- 编辑脱机：编辑脱机素材。
- 源设置：对素材源对象进行设置。
- 修改：用于修改音频的声道或者时间码，还可以查看或修改素材的信息。
- 视频选项：用于设置帧定格选项、场选项或者缩放为帧大小。
- 音频选项：用于设置音频增益、拆分为单声道、渲染和替换或者提取音频。
- 速度 / 持续时间：设置速度或持续时间。
- 捕捉设置：可以设置捕捉素材的相关参数。
- 插入：将素材插入"时间轴"面板中的当前时间指示处。
- 覆盖：将素材放置在当前时间指示处，并覆盖已有的素材片段。
- 替换素材：使用磁盘上的文件替换"时间轴"面板中的素材。
- 替换为剪辑：用"源"监视器面板中编辑的素材或者素材库中的素材替换"时间轴"面板中已选中的素材片段。
- 自动匹配序列：可将各种素材按设置好的出入点进行统一匹配，然后添加到现有序列中。
- 启用：激活或禁用"时间轴"面板中的素材。禁用的素材不会显示在"节目"监视器面板中，也不能被导出。

- 链接：链接不同轨道的素材，方便一起编辑。
- 编组：将"时间轴"面板中的素材放编组以便整体操作。
- 取消编组：取消素材的编组。
- 同步：可以根据素材的入点、出点或时间码，在时间轴上排列素材。
- 合并剪辑：将时间轴上的一段视频和音频合并为一个剪辑，并添加到素材库中，不影响时间轴上原来的编辑状态。
- 嵌套：可以将源序列编辑到其他序列中，同时保持源序列和轨道布局完整。
- 创建多机位源序列：将具有通用入点、出点或重叠时间码的剪辑合并为一个多机位源序列。
- 多机位：会在"节目"监视器面板中显示多机位编辑界面。用户可以从不同角度拍摄的剪辑中或从特定场景的不同镜头中创建可立即编辑的序列。

4. "序列"菜单

"序列"菜单中的命令可用于渲染并查看素材，也能用于更改"时间轴"面板中的视频和音频轨道数。"序列"菜单的介绍具体如下。

- 序列设置：可以打开"序列设置"对话框，对序列参数进行设置。
- 渲染入点到出点的效果：渲染工作区域内的效果，创建工作区预览，并将预览文件保存在磁盘上。
- 渲染入点到出点：渲染整个工作区域，并将预览文件保存在磁盘上。
- 渲染选择项：渲染"时间轴"面板中选择的部分素材，并将预览文件保存在磁盘上。
- 渲染音频：只渲染工作区域的音频文件。
- 删除渲染文件：删除磁盘上的渲染文件。
- 删除入点到出点的渲染文件：删除工作区域内的渲染文件。
- 匹配帧：匹配"源"监视器面板和"节目"监视器面板中的帧。
- 添加编辑：拆分剪辑，相当于剃刀工具。
- 添加编辑到所有轨道：拆分时间指示处的所有轨道上的剪辑。
- 修剪编辑：对已编入序列的剪辑入点和出点进行调整。
- 将所选编辑点扩展到时间线：将最接近时间线的选定编辑点移动到时间线的位置，与滚动编辑非常相似。
- 应用视频过渡：在两段素材之间的当前时间指示处添加默认视频过渡效果。
- 应用音频过渡：在两段素材之间的当前时间指示处添加默认音频过渡效果。
- 应用默认过渡到选择项：将默认的过渡效果应用到所选择的素材对象上。
- 提升：剪切在"节目"监视器面板中设置入点到出点的V1和A1轨道中的帧，并在时间轴上保留空白间隙。
- 提取：剪切在"节目"监视器面板中设置入点到出点的帧，并不在时间轴上保留空白间隙。
- 放大：放大时间轴。
- 缩小：缩小时间轴。
- 转到间隔：跳转到序列中的某一段间隔。
- 在时间轴中对齐：对齐到素材边缘。
- 标准化主轨道：对主音轨道进行标准化设置。
- 添加轨道：在"时间轴"面板中添加轨道。
- 删除轨道：从"时间轴"面板中删除轨道。

5. "标记"菜单

"标记"菜单中包含了添加和删除各类标记的命令。"标记"菜单的介绍具体如下。

- 标记入点：在时间指示处添加入点标记。
- 标记出点：在时间指示处添加出点标记。
- 标记剪辑：设置与剪辑入点和出点匹配的序列入点和出点。
- 标记选择项：设置与选择项的入点和出点匹配的序列入点和出点。
- 清除入点：清除素材的入点。
- 清除出点：清除素材的出点。
- 清除入点和出点：清除素材的入点和出点。
- 添加标记：在子菜单的指定处设置一个标记。
- 转到下一标记：跳转到素材的下一个标记。
- 转到上一标记：跳转到素材的上一个标记。
- 清除所选标记：清除素材上的指定标记。

- 清除所有标记：清除素材上的所有标记。
- 编辑标记：编辑当前标记的时间及类型等。
- 添加章节标记：为素材添加章节标记。
- 添加 Flash 提示标记：为素材添加 Flash 提示点标记。

6. "图形"菜单

与Photoshop中的图层相似，Premiere Pro 2020中的图形对象可以包含文本、形状和剪辑图层。序列中的单个图形轨道项目内可以包含多个图层。当用户创建新图层时，"时间轴"面板中会添加包含该图层的图形剪辑，且剪辑的开头位于时间线所在的位置。"图形"菜单的介绍具体如下。

- 从 Adobe Fonts 添加字体：可进入关联网站激活各类新字体。
- 安装动态图形模板：动态图形模板是一种可在 After Effects 或 Premiere Pro 2020 中创建的文件类型（.mogrt）；用户除了可以将计算机中的动态图形模板添加至 Premiere Pro 项目中外，还可以在 Premiere Pro 2020 中创建字幕和图形，并将它们导出为动态图形模板，以供将来重复使用或共享。
- 新建图层：用户可选择新建文本、直排文本、矩形和椭圆等对象图层。
- 对齐：可对选中的图层对象进行对齐操作。
- 排列：可对选中的图层对象进行排列操作。
- 选择：可执行该命令选择图形或图层对象。
- 替换项目中的字体：如果图形对象中包含多个文本图层，且决定要更改字体，则可以执行"替换项目中的字体"命令来同时更改所有图层的字体。

7. "视图"菜单

"视图"菜单中的命令可对"节目"监视器面板中的素材预览选项进行设置。"视图"菜单的介绍具体如下。

- 回放分辨率：设置视频预览回放时画面的分辨率。
- 暂停分辨率：设置视频预览暂停时画面的分辨率。
- 高品质回放：视频回放时将以高品质显示画面。
- 显示模式：设置预览素材在"节目"监视器面板中的显示方式，包括"合成视频""Alpha""多机位""音频波形""比较视图"。
- 显示标尺：在"节目"监视器面板中显示或隐藏标尺。
- 显示参考线：在"节目"监视器面板中显示或隐藏参考线；显示参考线后，可执行菜单中的"锁定参考线"、"添加参考线"或"清除参考线"命令对参考线进行相应设置。

8. "窗口"菜单

"窗口"菜单中包含了Premiere Pro 2020中的所有窗口和面板，执行相应命令可以打开或关闭对应面板。"窗口"菜单的介绍具体如下。

- 工作区：在其子菜单中，可以选择需要的工作区模式进行切换，以及对工作区进行重置或管理。
- 扩展：在其子菜单中，可以选择打开 Premiere Pro 2020 的扩展程序，例如默认的 Adobe Exchange 在线资源下载与信息查询辅助程序。
- 最大化框架：切换当前所选面板到最大化显示状态。
- 音频剪辑效果编辑器：用于打开或关闭音频剪辑效果编辑器。
- 音频轨道效果编辑器：用于打开或关闭音频轨道效果编辑器。
- 事件：用于打开或关闭"事件"面板，在面板中可以查看或管理影片序列中设置的事件动作。
- 信息：用于打开或关闭"信息"面板，在面板中可以查看当前所选素材剪辑的属性、序列中当前时间指示处等信息。
- 元数据：用于打开或关闭"元数据"面板，在该面板中可以查看对所选素材的剪辑、采集捕捉的磁带视频、嵌入的 Adobe Story 脚本等详细内容，并为它们添加注释等。

- 历史记录：用于打开或关闭"历史记录"面板，在面板中可以查看完成的操作记录，或根据需要返回到之前某一步骤的编辑状态。
- 参考监视器：用于打开或关闭"参考监视器"面板，在其中可以选择显示影片当前位置的色彩通道变化。
- 媒体浏览器：用于打开或关闭"媒体浏览器"面板，在面板中可以查看本地硬盘或网络驱动器中的素材资源，还可以将需要的素材文件导入项目中。
- 字幕：用于打开或关闭"字幕"面板。
- 工具：用于激活"工具"面板。
- 捕捉：用于打开或关闭"捕捉"面板。
- 效果：用于打开或关闭"效果"面板，在面板中可以选择需要的效果以添加到轨道中的素材剪辑上。
- 效果控件：用于打开或关闭"效果控件"面板，在面板中可以对素材剪辑的基本属性及添加到素材上的效果参数进行设置。
- 时间码：用于打开或关闭"时间码"浮动面板，在面板中可以独立地显示当前工作面板中的时间指示处；也可以根据需要调整面板的大小，以便更加醒目直观地查看当前时间位置。
- 时间轴：在其子菜单中可以切换当前"时间轴"面板中要显示的序列。
- 标记：用于打开或关闭"标记"面板，在面板中可以查看当前工作序列中所有标记的时间位置、持续时间、入点画面等，还可以根据需要为标记添加注释内容。
- 源监视器：用于打开或关闭"源"监视器面板。
- 编辑到磁带：在计算机连接了可以将硬盘输出到磁带的硬件设备时，可打开"编辑到磁带"面板对要输出硬盘的时间区间、写入磁带的类型选项等进行设置。
- 节目监视器：在其子菜单中可以切换当前"节目"监视器面板中要显示的序列。

9. "帮助"菜单

"帮助"菜单中包含Premiere Pro帮助、在线教程和提供反馈等命令，执行"帮助"菜单中的"Premiere Pro帮助"命令，可以跳转到帮助页面，用户此时可以自行选择或搜索某个主题进行学习。

1.2 设置首选项

在Premiere Pro 2020菜单栏中，执行"编辑"→"首选项"命令，在展开的子菜单中，用户可以对各首选项的属性进行自定义设置，如图1-25所示。

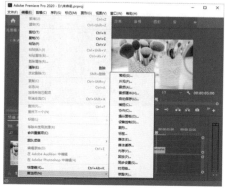

图1-25 "首选项"子菜单

1.2.1 "常规"首选项

执行"编辑"→"首选项"→"常规"命令，打开"首选项"对话框，该对话框中显示了"常规"参数的内容，为Premiere Pro 2020的多种默认参数提供了设置，如图1-26所示。

图1-26 "常规"首选项

选项介绍如下。

- 启动时:可选择在启动 Premiere Pro 2020 时显示主页,或打开最近使用的项目。
- 打开项目时:可选择在打开项目时显示主页,或显示打开的对话框。
- 素材箱:单击各个选项中的下拉按钮,可以选择在新窗口中打开、在当前处打开或打开新选项卡。
- 项目:单击各个选项中的下拉按钮,可以选择在新窗口中打开或打开新选项卡。

1.2.2 "外观"首选项

在"首选项"对话框的左侧列表框中选择"外观"选项,对话框右侧将显示与Premiere Pro 2020外观相关的参数设置,如图1-27所示。拖动不同的参数滑块,可对界面或控件的亮度进行自定义调整。

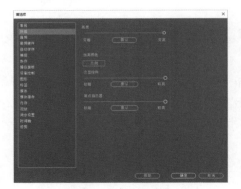

图1-27 "外观"首选项

1.2.3 "音频"首选项 重点

在"首选项"对话框的左侧列表框中选择

"音频"选项,对话框右侧将显示与音频有关的参数设置,如图1-28所示。

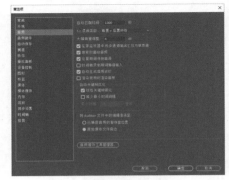

图1-28 "音频"首选项

选项介绍如下。

- 自动匹配时间:该设置需要与"音轨混合器"面板中的"触动"选项联合使用,如图1-29所示。在"音轨混合器"面板中选择"触动"选项后,Premiere Pro 2020 将返回到更改以前的值,但是要在指定的秒数之后。例如,如果在调音时更改了音频 1 的音频级别,那么在选择"触动"选项之后,此级别将返回到以前的设置,即记录更改之前的设置。自动匹配时间参数用于控制 Premiere Pro 2020 返回到音频更改之前的值所需的时间间隔。

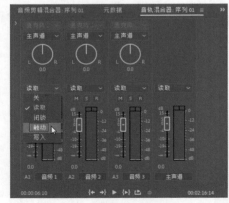

图1-29 "触动"选项

- 5.1 混音类型:指定 Premiere Pro 2020 将源声道与 5.1 音轨混合的方式。
- 大幅音量调整:可设置执行"大幅提升剪辑音量"命令时增加的分贝数。
- 搜索时播放音频:勾选该复选框,可以创建一个名为"在快速搜索期间开关音频"的键盘快捷键，以便在快速搜索时开关音频。

- 往复期间保持音调：可在用户使用 J、K、L 键进行划动和播放期间，保持音频的音调，勾选该复选框有助于提高以高速或低速播放时声音的清晰度。
- 时间轴录制期间静音输入：勾选该复选框，可以避免在录制时间轴时有音频输入。
- 自动生成音频波形：勾选该复选框，在音频导入 Premiere Pro 2020 时将自动生成波形。
- 渲染视频时渲染音频：勾选该复选框，在每次渲染视频预览时将同时自动渲染音频预览。
- 自动关键帧优化：定义线性关键帧细化和减少最短时间间隔。
- 将 Audition 文件中的编辑渲染至：将剪辑发送到 Audition 时，可将这些文件保存在已捕捉音频的暂存盘位置，也可将它们保存在原始媒体文件旁边。
- 音频增效工具管理器：可启用第三方 VST3 增效工具和 Mac 平台的 Audio Units（AU）增效工具。

1.2.4 "音频硬件"首选项

在"首选项"对话框的左侧列表框中选择"音频硬件"选项，在对话框右侧可以指定计算机的音频设备和设置，还可以指定Premiere Pro 2020用于音频回放和录制的ASIO和MME设置（仅限Windows）或Core Audio设置（仅限Mac OS），如图1-30所示。

图1-30 "音频硬件"首选项

1.2.5 "自动保存"首选项

使用Premiere Pro 2020时不必担心忘记保存项目，因为系统默认已勾选"自动保存项目"复选框，如图1-31所示。在"首选项"对话框中，选择"自动保存"选项，在对话框右侧用户可以设置自动保存项目的间隔时间，还可以修改最大项目版本等。

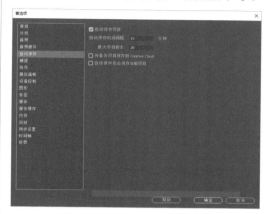

图1-31 "自动保存"首选项

选项介绍如下。

- 自动保存项目：该复选框默认为勾选状态，Premiere Pro 2020 会每 15 分钟自动保存一次项目，并将项目文件的最近 5 个版本保留在硬盘上。用户可以随时还原到以前保存的版本。存档项目的多个迭代所占用的磁盘空间相对较小，因为项目文件比源音频文件小很多。建议将项目文件保存到应用程序所在的磁盘中，存档文件将被保存在 Premiere Pro 2020 的"自动保存"文件夹中。
- 自动保存时间间隔：自动保存项目的间隔时间，在文本框中输入两次自动保存之间间隔的分钟数即可。
- 最大项目版本：可在文本框中输入要保存项目文件的版本数，例如输入 10，Premiere Pro 2020 将保存最近 10 个版本。
- 将备份项目保存到 Creative Cloud：勾选该复选框，Premiere Pro 2020 会将项目自动保存到 Creative Cloud 的存储空间中。

● 自动保存也会保存当前项目：当该项处于启用状态时，为当前项目创建一个存档副本，同时也会保存当前工作的项目；默认情况下，此项处于未启用状态。

1.2.6 "捕捉"首选项

在"首选项"对话框的左侧列表框中选择"捕捉"选项，在对话框右侧可以设置直接从磁带盒或摄像机中往Premiere Pro 2020传输视频和音频时，处理问题的方式，如图1-32所示。

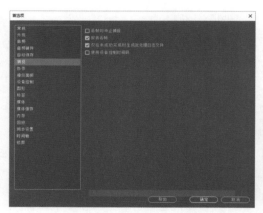

图1-32 "捕捉"首选项

1.2.7 "标签"首选项

在"首选项"对话框的左侧列表框中选择"标签"选项，在对话框右侧可对Premiere Pro 2020的标签参数进行设置，如图1-33所示。

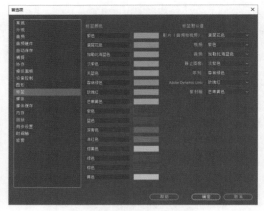

图1-33 "标签"首选项

选项介绍如下。

● 标签颜色：可更改默认颜色和颜色名称，在"项目"面板中可用这些颜色和颜色名称来标记资源。

● 标签默认值：可以更改已分配给素材箱、序列和不同类型媒体文件的默认标签颜色。

1.2.8 "媒体"首选项

在"首选项"对话框的左侧列表框中选择"媒体"选项，在对话框的右侧可对相关参数进行设置，如图1-34所示。

图1-34 "媒体"首选项

选项介绍如下。

● 不确定的媒体时基：可为导入的静止图像序列指定帧速率。

● 时间码：用来指定 Premiere Pro 2020 是显示所导入剪辑的原始时间码，还是显示为其分配的新时间码。

- 帧数：指定 Premiere Pro 2020 是为所导入剪辑的第 1 帧分配编号 0 或编号 1，还是按时间码转换分配编号。
- 默认媒体缩放：可在下拉列表框中选择"无""缩放为帧大小""设置为帧大小"选项；如果选择"缩放为帧大小"选项，则 Premiere Pro 2020 会将导入的资源自动缩放至项目的默认帧大小。
- 导入时将 XMP ID 写入文件：若要将 ID 信息写入 XMP 元数据字段，则勾选该复选框。
- 将剪辑标记写入 XMP：若要指定 Premiere Pro 2020 保存剪辑标记的位置，则勾选该复选框，此时剪辑标记将随媒体文件一并保存；在不勾选该复选框的情况下，剪辑标记会保存在 Premiere Pro 2020 的项目文件中。
- 启用剪辑与 XMP 元数据链接：勾选该复选框，剪辑元数据将与 XMP 元数据链接，以便相互传递变更。
- 导入时包含字幕：勾选该复选框，可检测并自动导入某个嵌入式隐藏说明性字幕文件中的数据；若取消勾选该复选框，则可不导入嵌入式说明性字幕，这有助于在导入时节省时间。
- 项目导入期间允许重复媒体：若要允许在导入项目时复制媒体，则勾选该复选框；若不希望导入时出现多个副本，则取消勾选该复选框。
- 自动隐藏从属剪辑：勾选该复选框，往项目中拖入某个序列时，Premiere Pro 2020 会隐藏主剪辑。
- 启用硬件加速解码（需要重新启动）：勾选该复选框，可使用系统中的硬件解码器加快编辑速度。
- 生成文件：通过该参数选项，用户可以选择 Premiere Pro 2020 是否在生成文件期间自动刷新，还可以对刷新频率进行设置。

1.2.9 "媒体缓存"首选项

在Premiere Pro 2020中，定期清除旧的或不使用的媒体缓存文件，有助于保持软件的最佳性能。每当源媒体文件需要缓存时，都会重新创建已删除的缓存文件。在"首选项"对话框的左侧列表框中选择"媒体缓存"选项，在对话框的右侧可对相关参数进行设置，如图1-35所示。

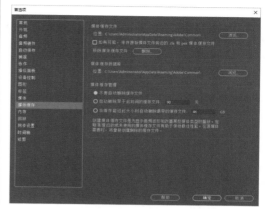

图1-35 "媒体缓存"首选项

选项介绍如下。

- 位置：单击"浏览"按钮可导航至所需文件夹位置，用户可自定义媒体缓存文件时，文件存储的位置。
- 移除媒体缓存文件：单击选项后的"删除"按钮，用户可在封装项目后清除媒体缓存文件，这样可以删除不必要的预览渲染文件并节省存储空间。
- 不要自动删除缓存文件：默认启用此设置；媒体缓存文件的自动删除仅适用于子目录文件夹 Peak Files 和媒体缓存文件内的 .pek、.cfa 和 .ims 文件。
- 自动删除早于此事件的缓存文件：默认值为 90 天，用户可以根据需求更改时间值。
- 当缓存超过此大小时自动删除最早的缓存文件：默认值为媒体缓存所在磁盘大小的 10%。

1.2.10 "内存"首选项

在"首选项"对话框的左侧列表框中选择"内存"选项，在对话框的右侧可对相关参数进行设置，在此可以指定保留用于其他应用程序和Premiere Pro 2020的内存量。当用户减少保留用于其他应用程序的内存量时，可用于

Premiere Pro 2020的内存量将增加。

在Premiere Pro 2020中，包含高分辨率源视频或静止图像的序列，需要大量内存来同时渲染多个帧。这些资源可能会强制Premiere Pro 2020取消渲染并发出低内存警告。对于这一情况，用户可以将"优化渲染为"从"性能"选项更改为"内存"选项，以最大限度地增加可用内存，如图1-36所示。

图1-36 调整参数以增加可用内存

1.2.11 "回放"首选项

在"首选项"对话框的左侧列表框中选择"回放"选项，在对话框的右侧可以选择音频或视频的默认播放器，还可以设置预卷和过卷的时间，也可以访问第三方采集卡设备的设置，如图1-37所示。

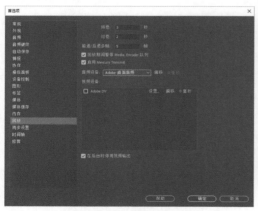

图1-37 "回放"首选项

选项介绍如下。

● 预卷：在外部设备中播放影片时，设置起点预先运转到的时间位置。

● 过卷：在外部设备中播放影片时，设置影片结束点预先运转到的时间位置。

● 前进/后退多帧：指定当用户按下键盘组合键 Shift +向左或向右箭头时要移动的帧数。

● 回放期间暂停 Media Encoder：当用户在Premiere Pro 2020 中播放序列或项目时，暂停 Adobe Media Encode 中的编码队列。

1.2.12 "同步设置"首选项

当用户在多台计算机上使用Premiere Pro 2020时，在这些计算机之间管理和同步首选项、工作界面布局、键盘快捷键是一项耗时、复杂而且容易出错的操作。"同步设置"功能可以帮助用户将常用的首选项、键盘快捷键等同步到Creative Cloud中。

1.2.13 "时间轴"首选项

在Premiere Pro 2020中，音频、视频和静止图像均有默认持续时间，在"首选项"对话框的左侧列表框中选择"时间轴"选项，在对话框的右侧可对相关参数进行设置，如图1-38所示。

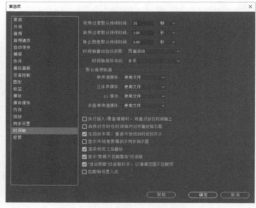

图1-38 "时间轴"首选项

选项介绍如下。

● 视频（音频）过渡默认持续时间：用来指定视频（音频）过渡的默认持续时间。

● 静止图像默认持续时间：指定静止图像的默认持续时间。

- 时间轴播放自动滚屏：当某个序列的时长超过可见时间轴长度时，在回放期间，用户可以选择不同的选项来自由滚动时间轴，如图1-39所示。选择"页面滚动"选项，可在时间线移出屏幕后，将时间轴自动移动至新视图，该选项可确保回放连续且不会停止；若选择"平滑滚动"选项，可将时间线保持在屏幕中间，而剪辑和时间标尺会发生移动。

图1-39 滚动选项

- 时间轴鼠标滚动：用户可以选择垂直或水平滚动。默认情况下，鼠标滚动为"水平"（Windows）和"垂直"（Mac OS），Windows系统的用户按Ctrl键可切换到垂直滚动。
- 默认音频轨道：定义在剪辑添加到序列之后用于显示剪辑音频声道的轨道类型。
- 执行插入或覆盖编辑时，将重点放在时间轴上：如果需要在进行编辑后显示"时间轴"面板画面而不是"源"监视器面板画面，那么可勾选该复选框。
- 启用对齐时在时间轴内对齐时间线：若要打开对齐功能，则可勾选该复选框；打开对齐

功能后，可让时间线在时间轴中移动，使时间线能直接对齐或跳转至某个编辑位置。
- 在回放末尾，重新开始回放时返回开头：该复选框可控制在达到序列末尾并重新开始回放时将会进行的操作。
- 显示未链接剪辑的不同步指示器：当音频和视频断开链接并呈现不同步状态时，显示不同步指示器。
- 渲染预览之后播放：如果想要Premiere Pro 2020在渲染后从头开始播放整个项目，那么可勾选该复选框。
- 显示"剪辑不匹配警告"对话框：勾选该复选框后，将剪辑拖入序列时，Premiere Pro 2020将检测剪辑的属性是否与序列设置相匹配；若属性不匹配，则会显示"剪辑不匹配警告"对话框。
- "适合剪辑"对话框打开，以编辑范围不匹配项：勾选该复选框后，在"源"监视器面板和"节目"监视器面板中的入点和出点设置不同时，会显示"适合剪辑"对话框，在其中可选择要使用的入点和出点。
- 匹配帧设置入点：勾选该复选框后，Premiere Pro 2020会在"源"监视器面板中打开主剪辑，并在当前时间线位置添加一个点，而不是显示剪辑的入点和出点。

1.3 项目的基本操作

创建一个合适的项目文件，是在Premiere Pro 2020中进行影片创作的首要操作，对素材的重组和剪辑等操作都是在项目文件已创建的基础之上完成的。

项目的基本操作包括创建项目文件、设置项目属性、保存项目文件等，下面进行具体讲解。

1.3.1 创建项目文件 （重点）

在编辑视频文件前，首先要做的就是创建一个项目文件。在Premiere Pro 2020中创建项目文件的方法大致可以分为以下两种。

1. 通过主页创建项目文件

在启动Premiere Pro 2020后，未打开工作项目的状态下，可在"主页"中单击"新建项目"按钮，如图1-40所示。弹出"新建项

目"对话框，在其中可以设置项目的名称及存放位置，如图1-41所示。单击"位置"后的"浏览"按钮，可以在打开的对话框中自定义项目文件的存放位置。

图1-40 单击"新建项目"按钮

图1-42 "新建序列"对话框

完成序列的设置后，单击"确定"按钮，即可完成项目的创建。序列会自动添加至"项目"面板中，如图1-43所示。

图1-41 "新建项目"对话框

在"新建项目"对话框中设置完成后，单击"确定"按钮，即可进入Premiere Pro 2020的工作界面。在菜单栏中执行"文件"→"新建"→"序列"命令，或按组合键Ctrl+N，打开"新建序列"对话框，如图1-42所示。选择该对话框的"序列预设"选项卡，用户可以根据实际需要在"可用预设"列表框中选择一种预设，还可在下方的"序列名称"文本框中自定义序列名称。

图1-43 "项目"面板

2. 通过菜单命令创建项目文件

除上述方法外，用户还可以在菜单栏中执行"文件"→"新建"→"项目"命令，或按组合键Ctrl+Alt+N来创建项目文件，如图1-44所示。执行命令后，将弹出"新建项目"对话框，后续的操作和设置与上述方法相似，这里不再重复讲解。

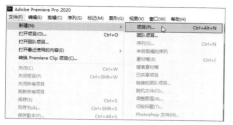

图1-44 执行"项目"命令

1.3.2 设置项目属性

若对创建的项目不满意，则可以通过执行相关命令，来对项目参数进行调整和修改。在 Premiere Pro 2020已创建项目或打开项目的情况下，执行"文件"→"项目设置"→"常规"命令，如图1-45所示。

图1-45 执行"常规"命令

打开"项目设置"对话框，在"常规"选项卡中，用户可以调整视频显示格式和音频显示格式，以及动作与字幕安全区域，如图1-46所示。

图1-46 "常规"选项卡

切换至"暂存盘"选项卡，用户可以在该选项卡中设置视频、音频的存储路径，如图1-47所示。完成项目参数的调整后，单击对话框底部的"确定"按钮即可。

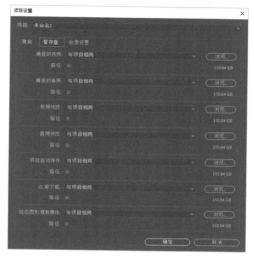

图1-47 "暂存盘"选项卡

1.3.3 保存项目文件

对项目进行保存，可以方便用户随时打开项目进行二次编辑处理。在Premiere Pro 2020中保存项目的方法大致可分为以下3种。

1. 保存项目

执行"文件"→"保存"命令，或按组合键Ctrl＋S，可快速保存当前项目文件，如图1-48所示。

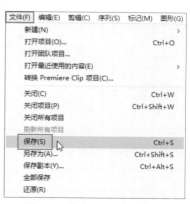

图1-48 执行"保存"命令

2. 另存为项目

执行"文件"→"另存为"命令，或按组合键Ctrl + Shift + S，如图1-49所示，打开"保存项目"对话框，可在其中设置项目名称及存储位置，如图1-50所示。设置完成后单击"保存"按钮。

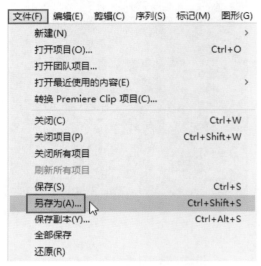

图1-49 执行命令

图1-50 "保存项目"对话框

3. 保存项目副本

执行"文件"→"保存副本"命令，或按组合键Ctrl + Alt + S，如图1-51所示，打开"保存项目"对话框，可在其中设置项目名称及存储位置，如图1-52所示。单击"保存"按钮即可将当前项目保存为副本文件。

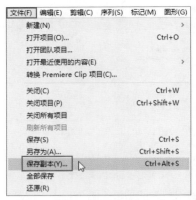

图1-51 执行"保存副本"命令

图1-52 "保存项目"对话框

技巧

虽然在一般情况下，Premiere Pro 2020 会每隔一段时间自动保存当前项目，但这里仍建议读者在进行项目编辑处理时，随时按组合键 Ctrl+S 对当前项目及时进行保存，以免因断电或系统故障等造成文件丢失。

练习1-1 创建项目并进行保存 （重点）

难度：☆☆

资源文件：第1章\练习1-1

在线视频：第1章\练习1-1创建项目并进行保存.mp4

下面将演示和讲解在Premiere Pro 2020中，创建项目并进行保存这一基础操作。

01 启动 Premiere Pro 2020，在菜单栏中执行"文件"→"新建"→"项目"命令，或按组合键 Ctrl + Alt + N，打开"新建项目"对话框，在其中设置项目文件的"名称"及"位置"，如图 1-53 所示，完成后单击"确定"按钮。

图1-53 "新建项目"对话框

02 进入工作界面后，执行"文件"→"新建"→"序列"命令，或按组合键 Ctrl + N，打开"新建序列"对话框，在其中选择"标准 48kHz"序列预设，如图 1-54 所示，完成后单击"确定"按钮。

图1-54 "新建序列"对话框

03 执行"文件"→"导入"命令，或按组合键 Ctrl + I，打开"导入"对话框，选择素材文件夹中的"热气球.jpg"素材，如图 1-55 所示，单击"打开"按钮。

图1-55 "导入"对话框

04 执行"文件"→"另存为"命令，或按组合键 Ctrl + Shift + S，打开"保存项目"对话框，修改"文件名"为"另存文件.prproj"，如图1-56 所示，完成后单击"保存"按钮。

图1-56 "保存项目"对话框

05 完成所有操作后，执行"文件"→"关闭项目"命令，或按组合键 Ctrl + Shift + W，关闭当前操作项目。

1.4 输出影片

在Premiere Pro 2020中完成了项目的编辑处理后，若满意影片效果，则可对项目进行渲染操作。将合成面板中的画面渲染出来，便于影像的保存和分享。

1.4.1 输出类型介绍

Premiere Pro 2020中提供了多种输出选择，用户可以将剪辑项目输出为不同类型的影片，以满足不同的观看需要，并且可以便于与其他编辑软件进行数据交换。执行"文件"→"导出"命令，或按组合键Ctrl+M，在弹出的子菜单中包含了Premiere Pro 2020所支持的输出类型，如图1-57所示。

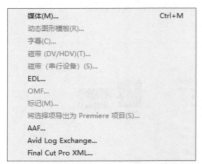

图1-57 "导出"子菜单

部分常用选项介绍如下。

● 媒体（M）：执行该命令，将弹出"导出设置"对话框，如图 1-58 所示，在该对话框中可以进行各种格式的输出设置和操作。

图1-58 "导出设置"对话框

● 字幕（C）：用于单独输出在 Premiere Pro 2020 中创建的字幕文件。
● 磁带（DV/HDV）（T）：执行该命令，可以将完成的影片直接输出到专业录像设备的磁带上。
● EDL（编辑决策列表）：执行该命令，将弹出"EDL 导出设置（CMX 3600）"对话框，如图 1-59 所示，可在其中进行设置并输出一个描述剪辑过程的数据文件，可以将该文件导入其他的编辑软件中进行编辑。
● OMF（公开媒体框架）：可以将序列中所有激活的音频轨道输出设置为 OMF 格式，再导入其他软件中继续编辑润色。
● AAF（高级制作格式）：将影片输出设置为 AAF 格式，该格式支持多平台、多系统的编辑软件，是一种高级制作格式。
● Final Cut Pro XML（Final Cut Pro 交换文件）：用于将剪辑数据转移到 Final Cut Pro 剪辑软件中继续进行编辑。

图1-59 "EDL导出设置（CMX 3600）"对话框

1.4.2 设置输出参数

决定影片质量的因素有很多，例如编辑所使用的图形的压缩类型、输出的帧速率、播放影片的计算机的系统速度等。输出影片之前，需要在"导出设置"对话框中对导出影片的质量进行参数设置，不同的参数设置所输出的影片效果也不同。

选择需要输出的序列文件，执行"文件"→"导出"→"媒体"命令，或按组合键Ctrl + M，弹出"导出设置"对话框，如图1-60所示。

图1-60 "导出设置"对话框

下面对"导出设置"对话框中的各个选项进行具体介绍。

1. 输出预览

"输出预览"窗口是文件在渲染时的预览窗口，包含"源"和"输出"两个选项卡，如图1-61和图1-62所示。

图1-61 "源"选项卡

图1-62 "输出"选项卡

选择"源"选项卡时，可对预览窗口中的素材进行裁剪编辑。单击"裁剪输出视频"按钮，可激活裁剪设置，如图1-63所示。

图1-63 裁剪设置

选择"输出"选项卡时，可以在"源缩放"下拉列表框中设置素材在预览窗口中的呈现方式，如图1-64所示。

图1-64 "源缩放"下拉列表框

2. 导出设置

在"导出设置"选项组中，可对视频的"格式"与"预设"等进行设置，如图1-65所示。

图1-65 "导出设置"选项组

选项介绍如下。

- 格式：在该下拉列表框中可设置视频素材或音频素材的文件格式。
- 预设：在该下拉列表框中可设置视频的编码配置。
- 保存预设：单击该按钮，可保存当前预设参数。
- 导入预设：单击该按钮，可导入所存储的预设文件。

- 🗑删除预设：单击该按钮，可删除当前的预设。
- 注释：在视频导出时添加的注解。
- 输出名称：设置视频导出的文件名及所在路径。
- 导出视频：勾选该复选框后，可导出影片的视频部分。
- 导出音频：勾选该复选框后，可导出影片的音频部分。
- 摘要：显示视频的"输出"信息及"源"信息。

3. 扩展参数

扩展参数可针对影片的"导出设置"进行更详细的设置，包含了"效果""视频""音频""多路复用器""字幕""发布"这6个部分，如图1-66所示。

图1-66 扩展参数

选项介绍如下。

- 效果：在该选项卡中，可设置"Lumetri Look/LUT""SDR 遵从情况""图像叠加""名称叠加"等参数。
- 视频：在该选项卡中，可设置导出视频的相关参数，如图 1-67 所示。

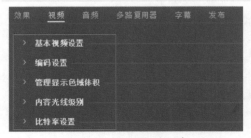

图1-67 "视频"选项卡

- 音频：在该选项卡中，可设置导出音频的相关参数，如图 1-68 所示。

图1-68 "音频"选项卡

- 多路复用器：在该选项卡中，可设置多路复用器的相关参数。
- 字幕：在该选项卡中，可对导出的文字进行相关参数的调整。
- 发布：可设置作品输出完成后需要发布的平台。

4. 其他选项

在"导出设置"对话框的底部还包含了一些其他选项，如图1-69所示。

图1-69 其他选项

选项介绍如下。

- 使用最高渲染质量：勾选该复选框，可得到更高质量的影片，但会延长编码时间。
- 使用预览：仅适用于从 Premiere Pro 2020 导出序列；如果 Premiere Pro 2020 已生成预览文件，勾选该复选框就会使用这些预览文件并加快渲染。
- 导入项目中：勾选该复选框，可将视频导入指定项目中。
- 设置开始时间码：编辑视频开始时的时间码。
- 仅渲染 Alpha 通道：用于包含 Alpha 通道的源，启用时仅导出 Alpha 通道。
- 时间插值：当输入帧速率与输出帧速率不符时，可混合相邻的帧以生成更平滑的运动效果；其中包含帧采样、帧混合、光流法 3 种类型。

- 元数据：选择要输出的元数据。
- 队列：添加到 Adobe Media Encoder 队列中。
- 导出：立即使用当前设置导出。
- 取消：取消视频的导出。

1.4.3 常用渲染格式

在 Premiere Pro 2020 中导出文件时，用户可以选择不同的输出格式来适应不同的播放需求。Premiere Pro 2020 支持导出多种主流格式的文件，下面选取几个常用渲染格式进行讲解。

练习1-2 输出单帧图像

难度：☆

资源文件：第1章\练习1-2

在线视频：第1章\练习1-2输出单帧图像.mp4

在 Premiere Pro 2020 中，用户可将动态影像输出为单帧图像。输出单帧图像的操作过程比较简单，只需在输出时将"格式"设置为 JPEG 或 BMP 即可。

01 启动 Premiere Pro 2020，执行"文件"→"打开项目"命令，或按组合键 Ctrl + O，将素材文件夹中的"花.prproj"文件打开。

02 在"时间轴"面板中，将时间线移至 00:00:09:00 时间点，如图 1-70 所示，对该时间点所呈现的画面图像进行输出，预览效果如图 1-71 所示。

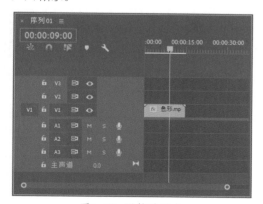

图1-70 调整时间点

图1-71 预览效果

技巧

在执行导出操作前，需保证"时间轴"面板为选中状态。

03 执行"文件"→"导出"→"媒体"命令，或按组合键 Ctrl + M，打开"导出设置"对话框，如图 1-72 所示。

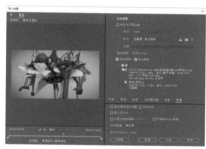

图1-72 "导出设置"对话框

04 在"导出设置"对话框中，展开"格式"下拉列表框，选择"JPEG"格式；单击"输出名称"右侧的文字，在弹出的"另存为"对话框中为输出文件设定名称及存储路径，如图 1-73 所示。

图1-73 导出设置

05 在"视频"选项卡中，取消勾选"导出为序列"复选框，如图 1-74 所示。

图1-74 "视频"选项卡

06 单击"导出设置"对话框底部的"导出"按钮，如图 1-75 所示。

图1-75 单击"导出"按钮

07 输出完成后，可在设定的存储文件夹中找到输出的单帧图像文件，如图 1-76 所示。

图1-76 输出的单帧图像文件

技巧

> 若设置格式后，不在"视频"选项卡中取消勾选"导出为序列"复选框，则最终在存储文件夹中导出的是连串序列图像，而不是单帧序列图像。

练习1-3 输出MP3音频文件

难度：☆☆	
资源文件：第1章\练习1-3	
在线视频：第1章\练习1-3输出MP3音频文件.mp4	

MP3格式具有文件小、音质好的特点，是一种常用的音频格式。下面将以输出MP3格式文件为例，学习如何在Premiere Pro 2020中输出音频文件。

01 启动 Premiere Pro 2020，执行"文件"→"打开项目"命令，打开素材文件夹中的"输出音频文件 .prproj"。进入工作界面后，在"时间轴"面板中可以看到已经添加的视音频素材，如图 1-77 所示。

图1-77 已添加的视音频素材

02 执行"文件"→"导出"→"媒体"命令，打开"导出设置"对话框，如图 1-78 所示。

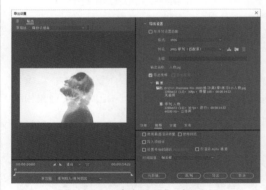

图1-78 "导出设置"对话框

03 在"导出设置"对话框中，展开"格式"下拉列表框，选择"MP3"格式；单击"输出名称"右侧的文字，在弹出的"另存为"对话框中为输出文件设定名称及存储路径，如图 1-79 所示。

04 设置完成后，单击"导出设置"对话框底部的"导出"按钮。输出完成后，即可在设定的存储文件夹中找到输出的音频文件，如图 1-80 所示。

图1-79 导出设置

图1-80 输出的音频文件

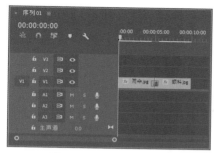

图1-81 已添加的素材

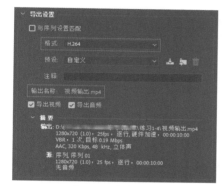

图1-82 导出设置

03 在"视频"选项卡中，展开"比特率设置"，拖动"目标比特率"滑块至最左侧，如图1-83所示。

图1-83 "视频"选项卡

04 单击"导出设置"对话框底部的"导出"按钮，等待输出完成后，即可在设定的存储文件夹中找到输出的小格式视频文件，如图 1-84 所示。

图1-84 输出的小格式视频文件

练习1-4 输出小格式视频 (重点)

难度：	☆☆
资源文件：	第1章\练习1-4
在线视频：	第1章\练习1-4输出小格式视频.mp4

输出小格式视频能有效减少在中转视频时带来的烦琐问题。下面具体讲解在Premiere Pro 2020中输出小格式视频的操作方法。

01 启动 Premiere Pro 2020，执行"文件"→"打开项目"命令，打开素材文件夹中的"彩色.prproj"。进入工作界面后，在"时间轴"面板中可以看到已经添加好的素材，如图 1-81 所示。

02 选择"时间轴"面板，执行"文件"→"导出"→"媒体"命令，打开"导出设置"对话框。展开"格式"下拉列表框，选择"H.264"格式；单击"输出名称"右侧的文字，在弹出的"另存为"对话框中为输出文件设定名称及存储路径，如图 1-82 所示。

1.5 知识总结

本章首先讲解了Premiere Pro 2020的工作界面，然后详细介绍了首选项的设置方法、项目的基本操作、输出不同格式影片的操作方法。希望读者能认真学习本章内容，并在课后自行进行工作界面布置、项目新建与保存等操作练习。

1.6 拓展训练

本节安排了两个拓展训练，以帮助读者巩固本章所学内容。

训练1-1 新建项目及序列

难度：☆
资源文件：第1章\训练1-1
在线视频：第1章\训练1-1新建项目及序列.mp4

◆分析

本训练将进一步巩固项目及序列的创建操作，即新建项目后，继续在项目中新建序列。打开"新建序列"对话框，在"可用预设"列表框中选择"HDV 720p25"序列，然后将素材文件夹中的"银杏叶.jpg"素材导入项目，并将该素材添加至"时间轴"面板中。

◆知识点

1.新建项目
2.新建序列
3.将素材添加至"时间轴"面板

训练1-2 输出AVI格式影片

难度：☆☆
资源文件：第1章\训练1-2
在线视频：第1章\训练1-2输出AVI格式影片.mp4

◆分析

AVI格式即音频视频交叉存取格式，是可跨多个软件使用的一种压缩格式。本训练将巩固在Premiere Pro 2020中输出AVI格式影片的操作方法。

◆知识点

1.熟悉"导出设置"对话框
2.输出格式的设置

第 **2** 章

素材编辑基础

素材是视频编辑工作的基石。在制作视频时，需要先整理大量与主题相符的图片、视频或音频素材，然后才能在Premiere Pro 2020中进行素材的组合、分割和变速等操作。简单来说，影片的编辑工作就是一个不断完善和精细处理原始素材的过程，要学会通过这个过程打磨出优秀的影片。

本章将针对素材的一系列编辑处理操作进行讲解，帮助读者快速掌握视频剪辑技法。

教学目标

掌握素材的导入与编辑方法 ｜ 使用"源"监视器面板编辑素材

掌握素材的分割与变速操作 ｜ 掌握创建新元素的方法

2.1 素材文件的基本操作

在开始视频编辑工作前，应该根据视频编辑需求，对素材进行打包、编辑和嵌套等操作，这样会更加便于素材的浏览和归纳。

2.1.1 导入素材

在Premiere Pro 2020中导入素材的方法有很多种，在进行文件导入时，用户可以自行选择导入一个文件、多个文件或整个文件夹。

1. 菜单命令导入

创建项目文件后，在菜单栏中执行"文件"→"导入"命令（组合键Ctrl+I），如图2-1所示。打开"导入"对话框，如图2-2所示，在其中选择素材文件，单击"打开"按钮即可将素材导入Premiere Pro 2020的"项目"面板中。

图2-1 执行"导入"命令

图2-2 "导入"对话框

2. "项目"面板快速导入

创建项目文件后，在"项目"面板的空白处双击，即可快速弹出"导入"对话框。或者在空白处右击，在弹出的快捷菜单中执行"导入"命令，如图2-3所示，同样可以打开"导入"对话框，选择所需文件即可进行导入。

图2-3 执行"导入"命令

3. 拖入素材

除上述两种方法外，Premiere Pro 2020还支持一种便捷的素材导入方式，即将计算机文件夹中的素材选中，然后直接拖入"项目"面板，如图2-4所示。

图2-4 将素材拖入"项目"面板

2.1.2 打包素材

在制作视频的过程中，经常需要对素材文件进行备份，或是将素材文件移动到计算机中的其他位置。在移动素材文件位置后，通常会出现素材丢失的情况。因此最好对素材文件进行打包处理，方便该素材文件移动位置后的再次使用。

在Premiere Pro 2020中打包素材文件的操作比较简单，即在完成项目的编辑处理工作后，在菜单栏中执行"文件"→"项目管理"命令，打开"项目管理器"对话框，如图2-5所示。

图2-5 "项目管理器"对话框

在"项目管理器"对话框中，勾选"序列01"复选框，如图2-6所示，因为该序列是所需要应用的序列文件。接着，在"生成项目"选项组中选择"收集文件并复制到新位置"单选项，然后单击"浏览"按钮选择文件的目标路径，如图2-7所示。完成设置后，单击"项目管理器"对话框下方的"确定"按钮，完成素材的打包操作。

图2-6 勾选"序列01"复选框

图2-7 选择生成项目

技巧

在设置文件的打包位置时，尽量选择空间较大的磁盘进行存储。

2.1.3 素材的编组

在进行视频编辑工作时，有时需要对"时间轴"面板中的多个素材进行移动，为了节省工作时间和防止误选，可以对素材进行编组。在对多个素材执行编组命令后，它们将被"捆绑"在一起，此时用户便可以对组内的素材进行统一编辑。

练习2-1 对素材进行编组 ⊙重点

难度：☆☆	
资源文件：第2章\练习2-1	
在线视频：第2章\练习2-1对素材进行编组.mp4	

对"时间轴"面板中的多个素材进行编组处理后，可将多个素材文件转换为一个整体，可以同时对它们进行移动操作，或同时为它们添加视频效果。

01 启动 Premiere Pro 2020，在菜单栏中执行"文件"→"打开项目"命令，将素材文件夹中的"素材编组.prproj"文件打开。

02 在"时间轴"面板中，同时选中 V1 轨道中的"01.jpg"素材和 V2 轨道中的"02.jpg"素材，右击，在弹出的快捷菜单中执行"编组"命令，如图 2-8 所示。执行该命令后，两个素材文件可以同时被选中，或同时进行移动。

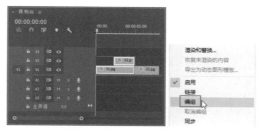

图2-8 执行"编组"命令

03 在"效果"面板中搜索"镜头光晕"效果，将该效果拖动添加至编组对象上，如图 2-9 所示。

图2-9 添加效果

此时，"时间轴"面板中的"01.jpg"和"02.jpg"素材画面均具有了光晕效果，如图2-10所示。

图2-10 预览效果

2.1.4 嵌套素材

"嵌套"是在视频编辑时常用的一种画面处理方法。在Premiere Pro 2020中对素材进行嵌套处理，不仅便于对素材进行剪辑与管理，还可以针对不同素材进行快速调色、动画制作等。需要注意的是，在编辑过程中尽量不要对同一组素材进行多次嵌套操作，以免造成计算机卡顿，一般嵌套1~2次即可。

练习2-2 对素材进行嵌套

难度：☆☆☆

资源文件：第2章\练习2-2

在线视频：第2章\练习2-2对素材进行嵌套.mp4

在进行视频制作时，将"时间轴"面板中的素材文件以嵌套的方式转换为一个素材文件，这会使素材的操作与归纳更方便。

01 启动 Premiere Pro 2020，在菜单栏中执行"文件"→"打开项目"命令，将素材文件夹中的"嵌套素材.prproj"文件打开。

02 将"项目"面板中的"船.jpg"素材添加到"时间轴"面板的V1轨道中，如图2-11所示。

图2-11 添加素材

03 在"效果"面板中搜索"裁剪"效果，将该效果拖动添加至V1轨道的"船.jpg"素材上，如图2-12所示。

图2-12 添加效果

04 选中"船.jpg"素材，在"效果控件"面板中设置"缩放"参数为70，将时间线拖到起始位置，设置"位置"参数为（640，-450），并单击"位置"参数前的"切换动画"按钮，开启自动关键帧功能。将时间线拖动到00:00:02:10位置,设置"位置"参数为（640，320），如图2-13所示。

图2-13 设置参数

05 在"效果控件"面板中展开"裁剪"效果，设置"右侧"参数为50%，如图2-14所示。得到的画面效果如图2-15所示。

图2-14 设置参数

图2-15 预览效果

06 选中 V1 轨道中的"船.jpg"素材，按住 Alt 键的同时将素材拖至 V2 轨道中，完成素材的复制操作，如图 2-16 所示。

图2-16 复制素材

07 选中 V2 轨道中的"船.jpg"素材，在"效果控件"面板中将时间线拖到起始位置，设置"位置"参数为（640，1175）；展开"裁剪"效

果，设置"右侧"参数为 0%，设置"左侧"参数为 50%，如图 2-17 所示。得到的画面效果如图 2-18 所示。

图2-17 设置参数

图2-18 预览效果

08 同时选中 V1 和 V2 轨道中的素材，右击，在弹出的快捷菜单中执行"嵌套"命令，如图 2-19 所示。

图2-19 执行"嵌套"命令

09 弹出"嵌套序列名称"对话框，可在"名称"文本框中自定义序列名称，完成操作后单击"确定"按钮，如图2-20所示。

图2-20 设置名称

此时，"时间轴"面板中的两个素材将转换为一个素材，如图2-21所示。

图2-21 素材嵌套成功

10 若要对嵌套之前的素材进行调整，则可以双击嵌套序列文件，"时间轴"面板中将显示出嵌套序列内的素材，如图2-22所示。

图2-22 调整嵌套序列内的素材

2.1.5 重命名素材

对导入Premiere Pro 2020中的素材按序号进行重命名，不仅可以使操作时的视线更加清晰，还便于素材的整理。

将素材导入项目后，在"项目"面板中右击需要进行重命名的素材文件，在弹出的快捷菜单中执行"重命名"命令，如图2-23所示。

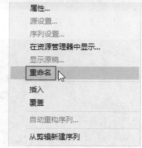

图2-23 执行"重命令"命令

执行"重命名"命令后，可在素材下方重新编辑素材名称，如图2-24所示。输入完成后单击"项目"面板的空白处，即可完成重命名操作。

图2-24 编辑素材名称

技巧

除上述方法外，还有一种比较便捷的重命名方式。在"项目"面板中选中素材，在素材名称位置单击，即可激活文本框，此时可进行重命名操作。

2.1.6 替换素材

在进行视频创作时，如果已对某个素材添加了效果，并修改了参数，而之后还想对该素材进行替换，但又想省去重新添加效果和素材的烦琐过程，则可以执行"替换素材"命令。该命令在替换素材的同时能保留原素材的效果。另外，素材的路径被更改、素材被删掉等问题导致素材无法识别时，也可执行该命令。

练习2-3 替换素材操作 🔴重点

难度：☆☆
资源文件：第2章\练习2-3
在线视频：第2章\练习2-3替换素材操作.mp4

在为"时间轴"面板中的素材添加效果后，若对素材画面不满意，则可在"项目"面板中执行"替换素材"命令，来完成画面内容的替换。

01 启动 Premiere Pro 2020，在菜单栏中执行"文件"→"打开项目"命令，将素材文件夹中的"替换素材.prproj"文件打开。

02 进入工作界面后，将"项目"面板中的"红色的花.jpg"素材添加到"时间轴"面板的V1轨道中，如图2-25所示。

图2-25 添加素材

03 选中"红色的花.jpg"素材，在"效果控件"面板中设置"缩放"参数为70，如图2-26所示。

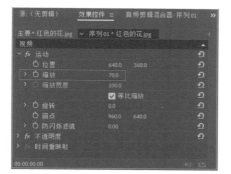

图2-26 设置参数

设置完成后，得到的画面效果如图2-27所示。

图2-27 预览效果

04 在"效果"面板中搜索"风车"效果，将该效果拖动添加至V1轨道中的"红色的花.jpg"素材上，如图2-28所示。

图2-28 添加效果

05 为素材添加效果后，若想在不改变效果的情况下快捷地更换素材，则可在"项目"面板中右击"红色的花.jpg"素材，在弹出的快捷菜单中执行"替换素材"命令，如图2-29所示。

图2-29 执行"替换素材"命令

06 在弹出的对话框中选择素材文件夹中的"黄色的花.jpg"素材，单击"选择"按钮，如图2-30所示。

图2-30 选择替换素材文件

此时，"项目"面板和"时间轴"面板中的"红色的花.jpg"素材被替换为"黄色的花.jpg"素材，如图2-31和图2-32所示。

图2-31 "项目"面板素材替换效果

图2-32 "时间轴"面板素材替换效果

得到的最终画面效果如图2-33所示。

图2-33 预览效果

图2-33 预览效果（续）

2.1.7 恢复和启用素材

在打开已经制作完成的工程文件时，有时压缩或转码会导致素材文件失效，此时就需要对素材进行恢复和启用。

将素材添加至"时间轴"面板后，若在操作中暂时用不到素材文件，则可以右击素材，在弹出的快捷菜单中取消勾选"启用"命令，如图2-34所示。

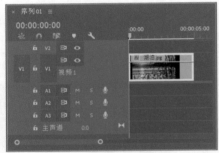

图2-34 取消勾选"启用"命令

执行上述操作后，在"时间轴"面板中可以看到失效的素材变为紫色，同时素材对应的画面将变为黑色，如图2-35和图2-36所示。

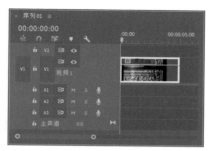

图2-35 素材失效状态

图2-36 素材失效对应的画面

若想再次启用该素材，则右击该素材，在弹出的快捷菜单中执行"启用"命令，如图2-37所示。完成该操作后，画面将重新显示出来。

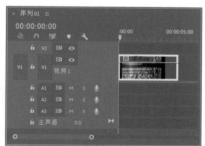

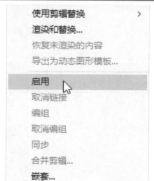

图2-37 执行"启用"命令

2.1.8 链接和取消链接视/音频

一些导入Premiere Pro 2020中附带音频的视频素材，在添加到"时间轴"面板后，会同时分布在视频轨道和音频轨道上，且两个部分是连在一起的。若用户想对视频或音频素材进行单独处理，则需要先取消视/音频链接。除此以外，用户也可以将没有关联的视/音频素材链接，使它们成为一个整体。

练习2-4 替换素材音频

难度：☆☆☆
资源文件：第2章\练习2-4
在线视频：第2章\练习2-4替换素材音频.mp4

外部设备拍摄的视频素材的音频和视频通常是链接在一起的，这种链接状态不利于后期的剪辑处理。在制作视频时，若要对素材中的音频或视频画面进行删除或替换，则需要先取消视/音频的链接，再进行相关操作。

01 启动 Premiere Pro 2020，在菜单栏中执行"文件"→"打开项目"命令，将素材文件夹中的"替换素材音频 .prproj"文件打开。

02 将"项目"面板中的"花 .mp4"素材添加到"时间轴"面板的 V1 轨道中，该素材的音频将自动添加到 A1 轨道中，如图 2-38 所示。

图2-38 添加素材

03 在"时间轴"面板中右击"花 .mp4"素材，在弹出的快捷菜单中执行"取消链接"命令，如图 2-39 所示。

04 此时，"花 .mp4"素材的视频和音频被分离，可单独进行编辑。选中 A1 轨道上的素材文件，如图 2-40 所示，按 Delete 键将其删除。

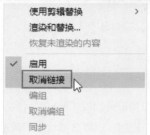

图2-39 执行"取消链接"命令

图2-40 删除素材

05 执行"文件"→"导入"命令,将素材文件夹中的"音乐.mp3"导入 Premiere Pro 2020。在"项目"面板中选中"音乐.mp3"素材,将其添加至 A1 轨道中,如图 2-41 所示。

图2-41 添加音频

06 在"时间轴"面板中将时间线移至 00:00:12:00 时间点,即视频素材末尾处。选中 A1 轨道上的素材文件,使用"剃刀工具" 沿时间线进行素材的分割操作,如图 2-42 所示,按 Delete 键将时间线后的音频素材删除。

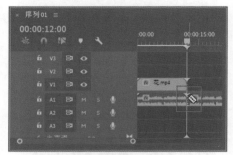

图2-42 分割素材

07 同时选中 A1 轨道和 V1 轨道上的素材并右击,在弹出的快捷菜单中选择"链接"命令,如图 2-43 所示。

图2-43 执行"链接"命令

08 视频和音频被成功链接到一起。在"节目"监视器面板中预览最终效果,如图 2-44 所示。

图2-44 预览效果

2.2 编辑素材文件

下面将讲解素材剪辑过程中的一些基本操作，包括插入和覆盖编辑、提升和提取编辑、添加或删除轨道、分割素材等操作。

2.2.1 使用"源"监视器面板编辑素材

将素材添加至"时间轴"面板之前，可选择在"源"监视器面板中对素材进行预览和修整。若要使用"源"监视器面板编辑素材，则需要在"项目"面板中选中素材，然后将其拖入"源"监视器面板，如图2-45所示。将素材拖入"源"监视器面板后，单击"播放-停止切换"按钮▶即可预览素材，如图2-46所示。

图2-45 将素材拖入"源"监视器面板

图2-46 预览素材

技巧

在"项目"面板中双击素材，也可以在"源"监视器面板中显示该素材。

"源"监视器面板中各按钮的介绍如下。

- 添加标记▮：单击该按钮，或按 M 键，可在时间线的位置添加一个标记，添加标记后再次单击该按钮，可打开"标记"对话框。
- 标记入点▮：单击该按钮，可将时间线所在位置标记为入点。
- 标记出点▮：单击该按钮，可将时间线所在位置标记为出点。
- 转到入点▮：单击该按钮，可以使时间线快速跳转到片段的入点位置。
- 后退一帧（左侧）◀▮：单击该按钮，可以使时间线向左侧移动一帧。
- 播放 - 停止切换▶：单击该按钮，可进行素材片段的播放预览。
- 前进一帧（右侧）▮▶：单击该按钮，可以使时间线向右侧移动一帧。
- 转到出点▮▶：单击该按钮，可以使时间线快速跳转到片段的出点位置。
- 插入▮：单击该按钮，可将"源"监视器面板中的素材插入序列中时间线的后方。
- 覆盖▮：单击该按钮，可将"源"监视器面板中的素材插入序列中时间线的后方，并对其后的素材进行覆盖。
- 导出帧▮：单击该按钮，将打开"导出帧"对话框，如图 2-47 所示，用户可选择对时间线所处位置的单帧画面进行导出。

图2-47 "导出帧"对话框

● 按钮编辑器 ：单击该按钮，将打开图 2-48 所示的"按钮编辑器"，用户可根据实际需要调整按钮的布局。

图2-48　"按钮编辑器"

● 仅拖动视频 ▣：将鼠标指针移至该按钮上方，鼠标指针将变为手掌形状，此时可将视频素材中的视频单独拖动至序列中。

● 仅拖动音频 ▦：将鼠标指针移至该按钮上方，鼠标指针将变为手掌形状，此时可将视频素材中的音频单独拖动至序列中。

练习2-5　在"源"监视器面板中剪辑素材

难度：☆☆
资源文件：第2章\练习2-5
在线视频：第2章\练习2-5在"源"监视器面板中剪辑素材.mp4

将素材添加至"时间轴"面板之前，用户可以在"源"监视器面板中对素材进行入点和出点标记，在预览的同时对素材片段内容进行筛选。

01 启动 Premiere Pro 2020，在菜单栏中执行"文件"→"打开项目"命令，将素材文件夹中的"剪辑影片 .prproj"文件打开。

02 在"项目"面板中双击"暮色 .mp4"素材，将其在"源"监视器面板中打开，此时可以看到该素材片段的总时长为00:00:27:14，如图 2-49 所示。

图2-49　查看素材总时长

03 在"源"监视器面板中，将时间线移动到00:00:08:00 位置，单击"标记入点"按钮 ▮，将当前时间点标记为入点，如图 2-50 所示。

图2-50　标记入点

04 将时间线移动到 00:00:16:00 位置，单击"标记出点"按钮 ▮，将当前时间点标记为出点，如图 2-51 所示。

图2-51　标记出点

05 将素材从"项目"面板拖入"时间轴"面板中，可看到素材片段的持续时间发生了改变，如图 2-52 所示，至此完成素材的剪辑。

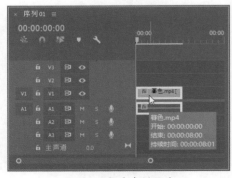

图2-52　查看素材信息

练习2-6 插入与覆盖编辑

难度：☆☆
资源文件：第2章\练习2-6
在线视频：第2章\练习2-6插入与覆盖编辑.mp4

插入编辑是指在时间线上添加素材，插入位置后面的素材将向后移动；覆盖编辑是指在时间线上添加素材，时间线后方素材与添加素材重叠的部分会被覆盖，且不会向后移动。

01 启动 Premiere Pro 2020，在菜单栏中执行"文件"→"打开项目"命令，将素材文件夹中的"插入与覆盖编辑 .prproj"文件打开。

02 进入工作界面后，查看"时间轴"面板中已经添加好的"食物 1.jpg"素材，其"持续时间"为 15 秒，如图 2-53 所示。

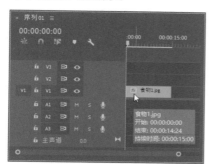

图2-53 查看素材信息

03 在"时间轴"面板中将时间线移至 00:00:05:00 位置，如图 2-54 所示。

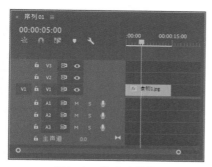

图2-54 移动时间线

04 双击"项目"面板中的"食物 2.jpg"素材，将其在"源"监视器面板中打开（注意，这里素材的默认持续时间为 5 秒），然后单击"源"监视器面板下方的"插入"按钮，如图 2-55 所示。

图2-55 单击"插入"按钮

05 "食物 2.jpg"素材被插入"时间轴"面板中的时间线中了，同时，"食物 1.jpg"素材被分割成了两个部分，原本位于时间线后方的"食物 1.jpg"素材向后移动了，如图 2-56 所示。

图2-56 素材状态发生改变

06 在"时间轴"面板中将时间线移至 00:00:15:00 位置，如图 2-57 所示。

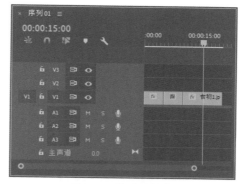

图2-57 移动时间线

07 双击"项目"面板中的"食物 3.jpg"素材，

将其在"源"监视器面板中打开（注意，这里素材的默认持续时间为 5 秒），然后单击"源"监视器面板下方的"覆盖"按钮，如图 2-58 所示。

图2-58 单击"覆盖"按钮

08 "食物 3.jpg"素材被插入"时间轴"面板中的时间线中了，同时，原本位于时间线后方的"食物 1.jpg"素材被替换为"食物 3.jpg"素材，如图 2-59 所示。

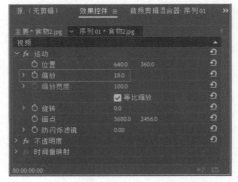

图2-59 素材状态发生改变

09 在"时间轴"面板中选中"食物 2.jpg"素材，在"效果控件"面板中调整"缩放"参数为 18，如图 2-60 所示；选中"食物 3.jpg"素材，在"效果控件"面板中调整"缩放"参数为 26，如图 2-61 所示。

图2-60 调整"食物2.jpg"素材参数

图2-61 调整"食物3.jpg"素材参数

10 在"节目"监视器面板中预览调整后的影片效果，如图 2-62 所示。

图2-62 预览效果

练习2-7 提升与提取编辑

难度：☆☆

资源文件：第2章\练习2-7

在线视频：第2章\练习2-7提升与提取编辑.mp4

执行"提升"或"提取"命令，可以从"时间轴"面板中轻松移除素材片段。在执行"提升"命令时，会从"时间轴"面板中提升出一个片段，然后在已提升素材的地方留下一段空白区域；在执行"提取"命令时，会提取素材的一部分，已提取素材后面的帧会前移，补上提取部分的空缺，因此不会有空白区域。

01 启动 Premiere Pro 2020，在菜单栏中执行"文件"→"打开项目"命令，将素材文件夹中的"提升与提取编辑 .prproj"文件打开。

02 进入工作界面后，查看"时间轴"面板中已经添加好的"光影 .jpg"素材，其"持续时间"为 15 秒，如图 2-63 所示。

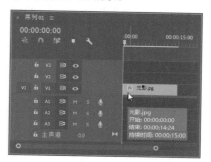

图2-63　查看素材信息

03 在"时间轴"面板中将时间线移至 00:00:04:00 位置，然后按 I 键标记入点，如图 2-64 所示。

图2-64　标记入点

04 将时间线移至 00:00:08:00 位置，然后按 O 键标记出点，如图 2-65 所示。

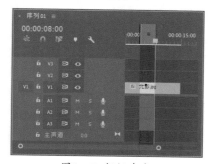

图2-65　标记出点

05 执行"序列"→"提升"命令，或者在"节目"监视器面板中单击"提升"按钮，此时在视频轨道中将出现一段空白区域，如图 2-66 所示。

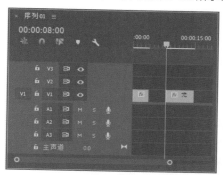

图2-66　提升后素材的状态

06 执行"编辑"→"撤销"命令，撤销上一步操作，使素材回到未执行"提升"命令时的状态。

07 执行"序列"→"提取"命令，或者在"节目"监视器面板中单击"提取"按钮，此时从入点到出点之间的素材被移除，并且出点之后的素材向前移动，在视频轨道中没有出现空白区域，如图 2-67 所示。

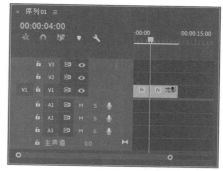

图2-67　提取后素材的状态

2.2.2　轨道的添加与删除

Premiere Pro 2020支持用户添加多条视频轨道、音频轨道或音频子混合轨道，以满足项目的不同编辑需求。

练习2-8　在项目中增添和删除轨道

难度：☆
资源文件：第2章\练习2-8
在线视频：第2章\练习2-8在项目中增添和删除轨道.mp4

若在"时间轴"面板中编辑处理素材时，发现轨道不够用，则可以自行添加轨道来满足素材摆放需求。若在完成项目编辑后，发现"时间轴"面板中空闲轨道比较多，则可以删除轨道来保持面板的干净和整洁。

01 启动 Premiere Pro 2020，在菜单栏中执行"文件"→"打开项目"命令，将素材文件夹中的"增添和删除轨道.prproj"文件打开。

02 进入工作界面后，在"时间轴"面板中查看当前轨道与素材的分布情况，如图2-68所示。

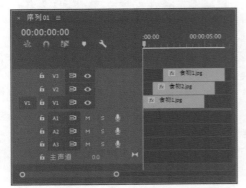

图2-68 查看轨道与素材的分布情况

03 在轨道编辑区的空白区域右击，在弹出的快捷菜单中执行"添加轨道"命令，如图2-69所示。

图2-69 执行"添加轨道"命令

04 打开"添加轨道"对话框，可以通过在其中设置参数，来添加视频轨道、音频轨道和音频子混合轨道。单击"视频轨道"选项中"添加"参数后的数字，激活文本框，输入数字2；单击"音频轨道"选项中"添加"参数后的数字，激活文本框，输入数字0，如图2-70所示。

图2-70 调整轨道参数

05 单击"确定"按钮，即可在序列中新增两条视频轨道，如图2-71所示。

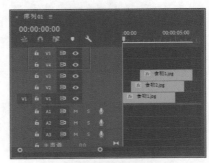

图2-71 查看新增轨道

在"添加轨道"对话框中，轨道"添加"参数后的数字默认为1，即添加1条轨道，用户可以根据需要自行设置这个参数。对话框中的"放置"是用来设置新增轨道的放置位置的，可在其下拉列表框中选择将新增轨道放置在已有轨道之间，或放置在已有轨道的前后。

06 在轨道编辑区的空白区域右击，在弹出的快捷菜单中执行"删除轨道"命令，如图2-72所示。

图2-72 执行"删除轨道"命令

07 弹出"删除轨道"对话框，在其中勾选"删除视频轨道"复选框，并在下拉列表框中选择"所有空轨道"选项，如图 2-73 所示。

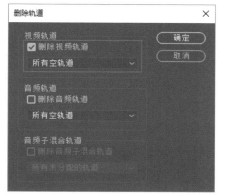

图2-73 调整轨道参数

08 单击"确定"按钮，关闭对话框，此时可以看到"时间轴"面板中空的视频轨道被删除，如图 2-74 所示。

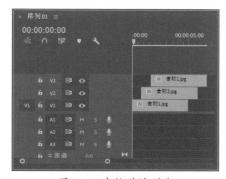

图2-74 空轨道被删除

2.2.3 设置素材播放速度

由于不同的影片播放需求不同，有时需要对素材进行快放或慢放，以此来增强画面的表现力。在Premiere Pro 2020中，用户可以通过调整素材的播放速度来实现素材的快放或慢放。

练习2-9 调整素材播放速度

难度：☆☆
资源文件：第2章\练习2-9
在线视频：第2章\练习2-9调整素材播放速度.mp4

在Premiere Pro 2020中调整素材的播放速度会改变原始素材的帧数，这会影响视频素材的画面质量和音频素材的声音质量。因此，对于一些自带音频的素材片段，要根据实际需求对其进行变速调整。

01 启动 Premiere Pro 2020，在菜单栏中执行"文件"→"打开项目"命令，将素材文件夹中的"调整素材播放速度 .prproj"文件打开。

02 在"时间轴"面板中右击"风景 .mp4"素材，在弹出的快捷菜单中执行"速度/持续时间"命令，如图 2-75 所示。

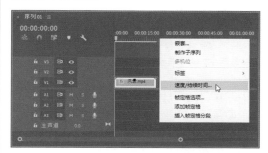

图2-75 执行"速度/持续时间"命令

03 打开"剪辑速度/持续时间"对话框，如图 2-76 所示，此时"速度"为 100%，是素材原本的播放速度。

图2-76 "剪辑速度/持续时间"对话框

04 调整"速度"为 70%，此时素材持续时间将变长，如图 2-77 所示，这代表素材片段的总时长变长了，素材的播放速度变慢了。同理，如果"速度"大于 100%，则素材片段的总时长将变短，素材的播放速度将变快。

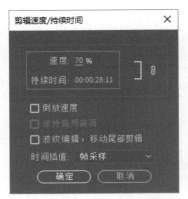

图2-77 调整"速度"参数

技巧

除了可以在"速度"文本框中手动输入参数外，还可以将鼠标指针放置在数值上，待其变为左右箭头后，左右拖动鼠标即可调整数值。

05 单击"确定"按钮，关闭对话框，完成素材速度的调整。在"节目"监视器面板中预览调整后的视频效果，如图2-78所示。

图2-78 预览效果

2.2.4 分割素材

将素材添加至"时间轴"面板后，可通过工具面板中的"剃刀工具"对素材进行分割操作，如图2-79所示。

图2-79 选择"剃刀工具"

练习2-10 素材分割操作

难度：☆☆
资源文件：第2章\练习2-10
在线视频：第2章\练习2-10素材分割操作.mp4

素材分割是Premiere Pro 2020中的一项基本操作。通过素材分割操作，用户可将一个素材拆分为多个部分，还可以对其中分割的片段进行删除、移动等操作。

01 启动 Premiere Pro 2020，在菜单栏中执行"文件"→"打开项目"命令，将素材文件夹中的"素材分割操作 .prproj"文件打开。

02 进入工作界面后，在"时间轴"面板中移动时间线至 00:00:05:18 位置，如图 2-80 所示。

图2-80 移动时间线

03 在"工具"面板中单击"剃刀工具"按钮，然后将鼠标指针移至时间线位置，单击即可沿当前时间线对素材进行分割，如图 2-81 所示。

图2-81 分割素材

04 将时间线移至 00:00:10:00 位置，使用"剃刀工具" 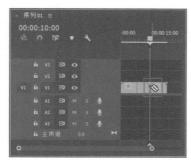 沿时间线进行素材分割，如图 2-82 所示。

图2-82 再次分割素材

05 在"工具"面板中单击"选择工具"按钮 ，选中 3 段素材中间的那段素材，如图 2-83 所示，按 Delete 键将其删除。

图2-83 删除素材

06 拖动素材，完成剩余两段素材的拼合，如图 2-84 所示。

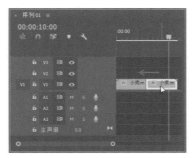

图2-84 拼合素材

07 在"效果"面板中搜索"划出"效果，将该效果拖动添加至两段素材中间，如图 2-85 所示。

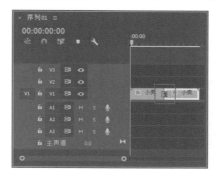

图2-85 添加效果

08 在"节目"监视器面板中预览最终画面效果，如图 2-86 所示。

图2-86 预览效果

2.2.5 波纹删除素材

"波纹删除"命令能很好地提高工作效率，常搭配"剃刀工具" 一起使用。在剪辑视频时，一般会对废弃的片段进行删除，但直接删除素材往往会留下空隙。而执行"波纹删除"命令，则不用再去移动其他素材来填补删除后的空隙，它在删除素材的同时，可以将前后素材文件自动衔接到一起。

波纹删除操作很简单，在"时间轴"面板中右击需要删除的素材，在弹出的快捷菜单中执行"波纹删除"命令即可，如图2-87所示。

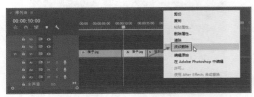

图2-87 执行"波纹删除"命令

完成上述操作后，选中的素材将被删除，且后方的素材会自动向前移动，以填补删除素材后留下的空隙，如图2-88所示。

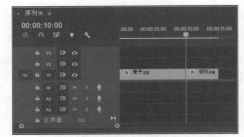

图2-88 空隙被自动填补

2.3 新元素的创建

在"文件"菜单的"新建"子菜单中，执行"彩条""黑场视频""字幕""颜色遮罩""HD彩条"等命令能快速创建一些实用的新元素素材，如图2-89所示。

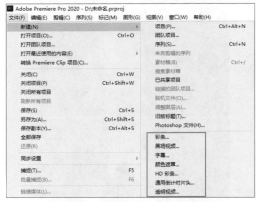

图2-89 创建新元素的相关命令

2.3.1 通用倒计时片头

通用倒计时片头是一段倒计时视频素材，常被用在影片的开头。

创建通用倒计时片头的方法很简单，在菜单栏中执行"文件"→"新建"→"通用倒计时片头"命令，在打开的"新建通用倒计时片头"对话框中，即可根据制作需求设置倒计时

片头各组成部分的颜色，并且可以更改片头声音的相关设置。

练习2-11 创建通用倒计时片头 🔵难点

难度：☆☆☆
资源文件：第2章\练习2-11
在线视频：第2章\练习2-11创建通用倒计时片头.mp4

在Premiere Pro 2020中，执行"新建"子菜单中的"通用倒计时片头"命令，可以帮助用户快速创建该元素，用户可以自行调整其中的参数，使其更适合影片。

01 启动 Premiere Pro 2020，在菜单栏中执行"文件"→"打开项目"命令，将素材文件夹中的"通用倒计时片头 .prproj"文件打开。

02 进入工作界面后，执行"文件"→"新建"→"通用倒计时片头"命令，打开"新建通用倒计时片头"对话框，保持默认设置，单击"确定"按钮，如图 2-90 所示。

03 打开"通用倒计时设置"对话框，单击"数字颜色"后的色块，如图 2-91 所示。

图2-90 单击"确定"按钮

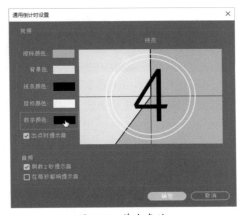

图2-91 单击色块

04 弹出"拾色器"对话框，在该对话框中用户可根据喜好设置数字的颜色，这里将颜色设置为白色，如图 2-92 所示。

图2-92 设置颜色

05 单击"确定"按钮，返回"通用倒计时设置"对话框，用同样的方法设置其他颜色参数，如图 2-93 所示，在对话框右侧可以预览颜色调整后的效果。

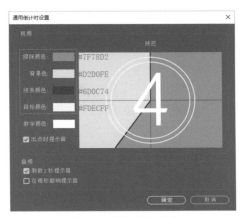

图2-93 设置其他颜色

06 单击"确定"按钮，关闭对话框。此时可以看到"项目"面板中新增了"通用倒计时片头"素材，将其拖入"时间轴"面板的 V1 轨道中，如图 2-94 所示。

图2-94 添加素材

07 添加素材后，在"节目"监视器面板中预览画面效果，如图 2-95 所示。

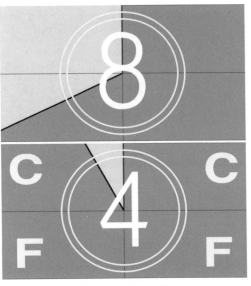

图2-95 预览效果

2.3.2 黑场视频

黑场视频是一段画面为黑色的视频素材，多用于转场，其默认的时间长度与默认的静止图像持续时间相同。在菜单栏中执行"文件"→"新建"→"黑场视频"命令，在弹出的对话框中自定义"黑场视频"的各项参数，如图2-96所示。

完成设置后，单击"确定"按钮，生成的"黑场视频"素材将添加至"项目"面板中。将素材添加到"时间轴"面板后可在"节目"监视器面板中预览素材效果，如图2-97所示。

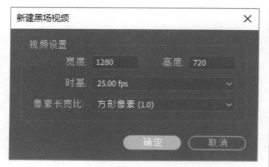

图2-96 "新建黑场视频"对话框

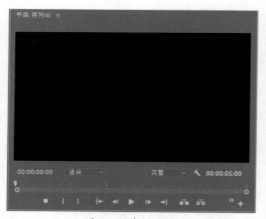

图2-97 素材效果

2.3.3 HD彩条

HD彩条是一段带音频的彩条视频图像，也就是在电视机上正式转播节目之前显示的彩色条，多用于颜色的校对，其音频是持续的"嘟"声。在菜单栏中执行"文件"→"新建"→"HD彩条"命令，在弹出的对话框中自定义"HD彩条"的各项参数，如图2-98所示。

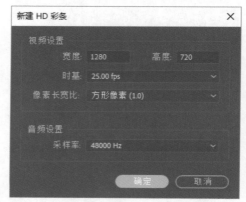

图2-98 "新建HD彩条"对话框

完成设置后，单击"确定"按钮，生成的"HD彩条"素材将添加至"项目"面板中。将素材添加到"时间轴"面板后可在"节目"监视器面板中预览素材效果，如图2-99所示。

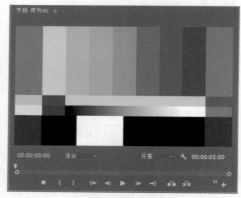

图2-99 素材效果

2.3.4 颜色遮罩

颜色遮罩相当于一个单一颜色的图像素材。用户可以将其作为背景色彩图像，也可以通过设置其不透明度参数及图像混合模式，为下层视频轨道中的图像应用色彩调整效果。

创建颜色遮罩的方法很简单，在菜单栏

中执行"文件"→"新建"→"颜色遮罩"命令，在打开的"新建颜色遮罩"对话框中，自定义遮罩大小、时基和像素长宽比，点击"确定"按钮，即可完成颜色遮罩的创建。

01 启动 Premiere Pro 2020，在菜单栏中执行"文件"→"打开项目"命令，将素材文件夹中的"创建颜色遮罩 .prproj"文件打开。

02 进入工作界面后，执行"文件"→"新建"→"颜色遮罩"命令，打开"新建颜色遮罩"对话框，保持默认设置，单击"确定"按钮，如图 2-100所示。

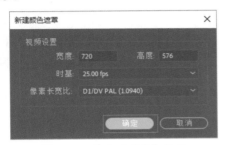

图2-100 单击"确定"按钮

03 弹出"拾色器"对话框，在其中设置遮罩颜色为白色，如图 2-101 所示，完成后单击"确定"按钮。

图2-101 设置颜色

04 弹出"选择名称"对话框，用户可在其中自定义颜色遮罩的名称，这里保持默认名称，单击"确定"按钮，如图 2-102 所示。

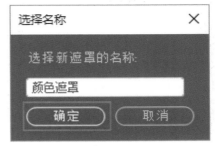

图2-102 单击"确定"按钮

05 创建的"颜色遮罩"素材将自动添加至"项目"面板中，将该素材拖入"时间轴"面板的 V2 轨道中，如图 2-103 所示。

图2-103 添加素材

06 在"时间轴"面板中选中"颜色遮罩"素材，然后在"效果控件"面板中展开"不透明度"选项，设置"混合模式"为"差值"，如图 2-104所示。

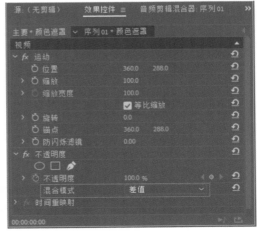

图2-104 设置参数

07 在"节目"监视器面板中预览最终效果。添加颜色遮罩的前后效果对比如图 2-105 所示。

图2-105 前后效果对比

2.3.5 透明视频

透明视频是一个不含音频且画面透明的视频，相当于一个透明的图像文件，可用于时间占位或为视频添加效果，以生成具有透明背景的图像内容，或者用于编辑需要的动画效果。在菜单栏中执行"文件"→"新建"→"透明视频"命令，在弹出的对话框中自定义"透明视频"的各项参数，如图2-106所示。完成设置后，单击"确定"按钮，生成的"透明视频"素材将添加至"项目"面板中。

图2-106 "新建透明视频"对话框

2.4 知识总结

本章介绍了素材文件的各类基本操作及编辑方法。其中，素材文件的基本操作包括导入素材、编组素材、替换素材、链接视音频等；编辑素材文件的基本操作包括轨道的添加和删除、分割素材、波纹删除素材等。本章最后还介绍了在Premiere Pro 2020中如何创建通用倒计时片头、黑场视频、颜色遮罩等新元素。熟读本章内容，掌握素材文件的基本操作，能有效帮助读者节省操作时间，提高前期工作效率。

2.5 拓展训练

本节安排了两个拓展训练，以帮助读者巩固本章所学内容。

训练2-1 使用"选择工具"设置素材入点和出点

难度：☆

资源文件：第2章\训练2-1

在线视频：第2章\训练2-1使用"选择工具"设置素材入点和出点.mp4

◆分析

　　素材开始帧所在位置被称为入点，结束帧所在位置被称为出点，之前已介绍了在"源"监视器面板中设置素材入点和出点的方法。此外，将素材添加至"时间轴"面板后，使用"选择工具"▶也可以设置素材的入点和出点，具体的操作方法为：单击"选择工具"▶按钮，移动鼠标指针至素材起始位置或结束位置，待其变为▶或◀状态后进行拖动，即可调整入点和出点位置，素材的"持续时间"也会随该操作发生改变。

◆知识点

1.使用"选择工具"
2.素材入点和出点的设置

训练2-2 为素材添加标记

难度：☆☆

资源文件：第2章\训练2-2

在线视频：第2章\训练2-2为素材添加标记.mp4

◆分析

　　在Premiere Pro 2020中进行项目编辑处理时，为了避免时间点混淆，或者需要对某一时间点的处理工作进行注释，则可以在素材上方添加标记。为素材添加标记的方法很简单：在将素材添加至"时间轴"面板后，调整时间线至需要添加标记的时间点，单击"添加标记"按钮或按M键，即可添加一个标记。在添加标记后，可随时删除标记，或对标记进行颜色更改、注释说明等编辑操作。

◆知识点

1.在固定时间点添加标记
2.标记的编辑操作

第**2**篇

提高篇

第**3**章

视频的转场效果

Premiere Pro 2020中的"视频过渡"效果，即通俗所讲的视频转场、镜头切换效果，这类效果可以添加在两个素材之间，也可以用作某个独立素材的首尾过渡。此外，Premiere Pro 2020为用户提供了众多视频效果，可营造出各种质感、风格和色调，能有效地帮助用户打造出多种震撼的视觉效果。

本章将详细介绍Premiere Pro 2020中的转场效果和特殊效果。

教学目标

掌握视频转场效果的使用方法 | 掌握视频效果的辅助管理
了解"效果控件"面板及其菜单 | 掌握视频效果的具体应用

在相邻素材之间，运用划像、擦除、溶解等转换效果，可以实现场景或情节之间的平缓过渡，还可以达到丰富画面、吸引观众视线的目的。

3.1.1 添加过渡效果

视频过渡效果主要用于相邻素材之间，用来实现画面场景的切换。Premiere Pro 2020中的视频过渡效果都存放在"效果"面板的"视频过渡"文件夹中，其下共有8个分组，如图3-1所示。

图3-1 "视频过渡"文件夹

练习3-1 在视频中添加过渡效果 重点

难度：☆☆

资源文件：第3章\练习3-1

在线视频：第3章\练习3-1在视频中添加过渡效果.mp4

在视频中添加过渡效果的方法很简单，用户只需在"效果"面板中找到所需效果，然后直接拖至素材首尾或相邻素材之间，即可添加对应效果。

01 启动Premiere Pro 2020，在菜单栏中执行"文件"→"打开项目"命令，将素材文件夹中的"在视频中添加过渡效果.prproj"文件打开。

02 进入工作界面后，可以看到在"时间轴"面板中已经添加好了两组素材片段，如图3-2所示。

03 打开"效果"面板，展开"视频过渡"文件夹，然后展开其中的"擦除"文件夹，选择其中的"棋盘"效果，如图3-3所示。

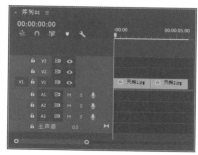

图3-2 添加的素材

图3-3 选择效果

技巧

想要快速找到视频过渡效果，可以选择在"效果"面板顶部的搜索栏中输入效果名称进行查找。

04 将选择的"棋盘"效果拖至"时间轴"面板中的"天鹅1.jpg"和"天鹅2.jpg"素材的中间，如图3-4所示，释放鼠标即可完成效果的添加。

图3-4 添加效果

05 在"节目"监视器面板中预览当前画面效果，如图3-5所示。

图3-5 预览效果

06 用同样的方法，在"效果"面板中找到"视频过渡"文件夹下"溶解"文件夹中的"白场过渡"效果，将其添加至"天鹅1.jpg"素材的起始位置，如图3-6所示。

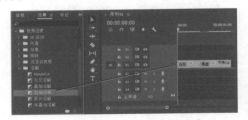

图3-6 添加"白场过渡"效果

07 在"效果"面板中选择"溶解"文件夹中的"黑场过渡"效果，将其添加至"天鹅2.jpg"素材的结束位置，如图3-7所示。

图3-7 添加"黑场过渡"效果

技巧

若对添加后的视频过渡效果不满意，则可对效果进行删除操作。删除效果的具体方法是：在"时间轴"面板中选中效果，按Delete键或Backspace键即可删除选中效果。此外，也可以右击效果，在弹出的快捷菜单中执行"清除"命令，如图3-8所示。

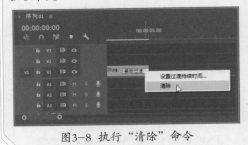

图3-8 执行"清除"命令

3.1.2 调整过渡效果的参数

为素材添加过渡效果之后，用户可以对效果的参数进行调整。用户可选择在"时间轴"面板中编辑参数，也可以选择在"效果控件"面板中编辑参数。

在"时间轴"面板中双击过渡效果；或右击过渡效果，在弹出的快捷菜单中执行"设置过渡持续时间"命令，均可快速打开"设置过渡持续时间"对话框，如图3-9所示，在其中可对过渡效果的持续时间进行自定义设置。

图3-9 "设置过渡持续时间"对话框

技巧

在默认情况下，过渡效果的持续时间为1秒，持续时间越长，速度越慢；持续时间越短，速度越快。用户可以根据实际需要自行调整。

其次，用户在选中效果后，在"效果控件"面板中会显示出该效果的一系列参数，如图3-10所示。在"效果控件"面板中，可以编辑过渡效果的"持续时间""对齐""边框宽度""边框颜色""反向"等参数。需要注意的是,不同的过渡效果对应的效果参数有所不同。

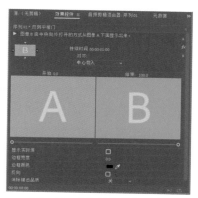

图3-10 "效果控件"面板

在"时间轴"面板中选中视频过渡效果后,可进入"效果控件"面板对其"持续时间"的数值进行编辑,以此来改变过渡效果的速度。此外,还可以对效果的动画方向、填充颜色等进行修改。

01 启动 Premiere Pro 2020,在菜单栏中执行"文件"→"打开项目"命令,将素材文件夹中的"编辑过渡效果 .prproj"文件打开。

02 进入工作界面后,在"时间轴"面板中单击"翻转"过渡效果,如图 3-11 所示。

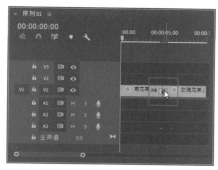

图3-11 单击效果

03 进入"效果控件"面板,单击"持续时间"后的蓝色数字,进入可编辑状态,然后输入数值 00:00:02:00,如图 3-12 所示,按 Enter 键完成编辑。

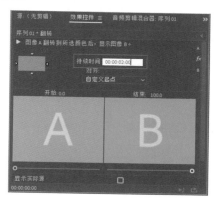

图3-12 输入数值

04 在"效果控件"面板中单击"自北向南"箭头按钮,对过渡效果的动画方向进行调整,如图 3-13 所示。

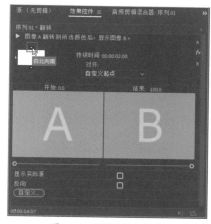

图3-13 调整动画方向

05 单击面板底部的"自定义_"按钮,打开"翻转设置"对话框,可在其中修改效果参数,如图 3-14 所示,完成后单击"确定"按钮。

图3-14 修改参数

06 在"节目"监视器面板中预览最终效果，如图3-15所示。

图3-15　预览效果

3.2 过渡效果的类型

Premiere Pro 2020为用户提供了众多典型且实用的视频过渡效果，并对这些视频过渡效果进行了分组，分组包括"3D运动""内滑""划像""溶解"等。

3.2.1 "3D运动"效果组

"3D运动"类效果可以较好地体现场景的层次感，能产生一种从二维空间到三维空间的视觉效果。该效果组中包含了两种三维运动的视频转场效果，如图3-16所示。

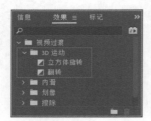

图3-16　"3D运动"效果组

3.2.2 "内滑"效果组

"内滑"类效果主要以滑动的形式来实现场景间的切换。该效果组中包含了5种视频转场效果，如图3-17所示。

图3-17　"内滑"效果组

3.2.3 "划像"效果组

"划像"类效果可将素材A进行伸展，并逐渐切换到素材B。该效果组中包含了4种视频转场效果，如图3-18所示。

图3-18　"划像"效果组

3.2.4 "擦除"效果组

"擦除"类效果可将两个素材的切换为擦拭过渡出现的画面效果。该效果组中包含了17种视频转场效果，如图3-19所示。

图3-19　"擦除"效果组

3.2.5 "沉浸式视频"效果组

"沉浸式视频"效果组可以为视频添加虚拟现实效果。该效果组中包含了8种视频过渡效果，如图3-20所示。

图3-20 "沉浸式视频"效果组

3.2.6 "溶解"效果组

"溶解"类效果是编辑视频时常用的一类视频转场效果，可以较好地表现事物之间的缓慢过渡及变化。该效果组中包含了7种视频过渡效果，如图3-21所示。

图3-21 "溶解"效果组

3.2.7 "缩放"效果组

"缩放"效果组中只有1个视频过渡效果，即"交叉缩放"效果，如图3-22所示。该效果会先将第1个场景放至最大，再切换到第2个场景

的最大化，然后将第2个场景缩放到合适大小。

图3-22 "缩放"效果组

3.2.8 "页面剥落"效果组

"页面剥落"效果组中的视频过渡效果会模仿翻开书页的形式，来实现场景画面间的切换。"页面剥落"效果组中包含了两种视频过渡效果，如图3-23所示。

图3-23 "页面剥落"效果组

练习3-3 应用视频转场效果

难度：☆☆
资源文件：第3章\练习3-3
在线视频：第3章\练习3-3应用视频转场效果.mp4

平淡无奇的视频素材通过剪辑，并在镜头转换处添加过渡效果后，其画面会变得更加精致美观。

01 启动 Premiere Pro 2020，在菜单栏中执行"文件"→"打开项目"命令，将素材文件夹中的"应用视频转场效果 .prproj"文件打开。

02 进入工作界面后，在"时间轴"面板中右击"动

物 .mp4"素材，在弹出的快捷菜单中执行"取消链接"命令，如图 3-24 所示。完成该操作后，选中 A1 轨道中的音频素材，按 Delete 键将其删除。

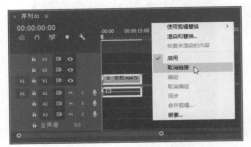

图3-24 执行"取消链接"命令

03 在"节目"监视器面板中预览视频，会发现画面间的切换比较生硬。将时间线移至 00:00:04:07 位置，使用"剃刀工具" 沿时间线进行分割操作，如图 3-25 所示。

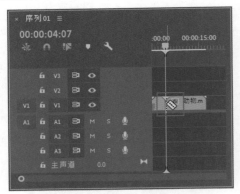

图3-25 分割素材

04 将时间线移至 00:00:08:19 位置，使用"剃刀工具" 沿时间线进行分割操作，如图 3-26 所示。

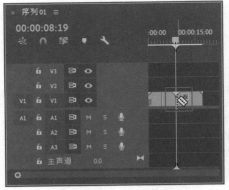

图3-26 再次分割素材

05 用上述的方法，将时间线移至 00:00:12:12 位置，使用"剃刀工具" 沿时间线进行分割操作，如图 3-27 所示。至此，完成几个画面的分割。

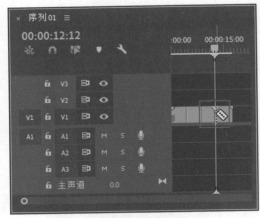

图3-27 分割素材

06 在"时间轴"面板中，拖动分割后的视频片段，使素材呈阶梯状摆放，如图 3-28 所示。

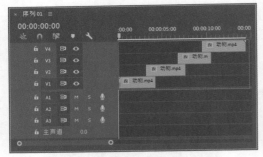

图3-28 排列素材

07 在"效果"面板中搜索"时钟式擦除"效果，将其添加至 V2 轨道中的"动物 .mp4"素材起始位置；在"效果"面板中搜索"棋盘"效果，将其添加至 V3 轨道中的"动物 .mp4"素材起始位置；在"效果"面板中搜索"圆划像"效果，将其添加至 V3 轨道中的"动物 .mp4"素材起始位置，如图 3-29 所示。

图3-29 添加效果

08 在"节目"监视器面板中预览添加转场效果后的视频效果，如图3-30所示。

图3-30 预览效果

3.3 使用视频效果

　　在"效果"面板中展开"视频效果"文件夹，可以看到其中包含的18组特殊视频效果，如图3-31所示。由于视频效果较多，限于篇幅有限，因此本章就不进行效果的详细介绍了，在后续的章节中将会有针对性地选取一些视频效果进行讲解。

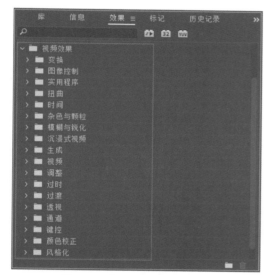

图3-31 "视频效果"文件夹

3.3.1 视频效果的辅助管理

　　使用Premiere Pro 2020中的视频效果时，可以使用"效果"面板中的各项功能进行辅助管理。

1. 查找效果

　　在"效果"面板顶部的查找文本框中输入

要查找的效果名称，Premiere Pro 2020将会自动查找效果，如图3-32所示。

图3-32 查找效果

2. 新建自定义素材箱

　　单击"效果"面板底部的"新建自定义素材箱"按钮■；或在"效果"面板中右击，在弹出的快捷菜单中执行"新建自定义素材箱"命令，如图3-33所示。即可创建自定义素材箱来更好地管理效果。用户可以将一些常用的效果拖动添加至该文件夹中，方便随时进行调用，如图3-34所示。

图3-33 执行"新建自定义素材箱"命令

图3-34 拖入常用效果

3．素材箱的重命名及删除操作

用户可以随时修改在"效果"面板中创建的素材箱修改的名称。选中自定义素材箱，单击其名称，待出现文本框后在其中输入新名称即可，如图3-35所示。

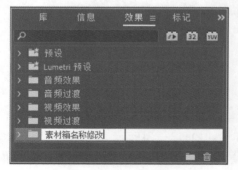

图3-35 输入新名称

在使用完自定义素材箱后，若需要删除素材箱，则可以选中它，然后单击"效果"面板

底部的"删除自定义项目"按钮■；或右击素材箱，在弹出的快捷菜单中执行"删除"命令，如图3-36所示。该操作完成后，在弹出的"删除项目"对话框中单击"确定"按钮，即可将所选素材箱删除。

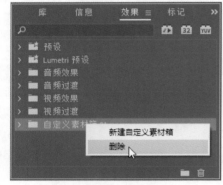

图3-36 执行"删除"命令

技巧

重命名与删除操作仅适用于用户创建的素材箱，无法对Premiere Pro 2020自带的素材箱进行操作。

3.3.2 "效果控件"面板

将一个视频效果应用于素材后，可以在"效果控件"面板中对效果进行设置，如图3-37所示。

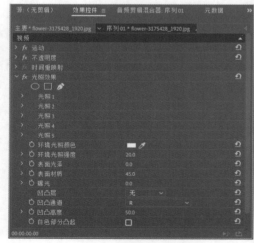

图3-37 "效果控件"面板

选中的素材的名称会显示在面板的顶部。在素材名称的右边有一个三角形按钮,单击这个按钮可以显示或隐藏时间轴视图,如图3-38所示。

图3-38 单击按钮

在"效果控件"面板的左下方会显示某一时间,它表示"时间轴"面板中时间线所处的位置,在此处可以对效果的关键帧时间进行设置,如图3-39所示。

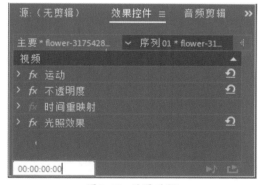

图3-39 设置时间

在效果名称的左侧会有一个"切换效果开关"按钮 fx ,在添加了效果后,该按钮默认为打开状态。此时单击该按钮,效果将转变为灰色,代表该效果被禁用。

添加的效果左侧有一个三角按钮▶,单击该按钮可展开效果参数,用户可对参数进行调整。

在"效果控件"面板中展开效果,单击某一参数前的"切换动画"按钮 ,可以开启动画设置功能,如图3-40所示。在添加关键帧后,如果再次单击"切换动画"按钮 ,那么将关闭关键帧的设置,同时删除该选项中的所有关键帧。

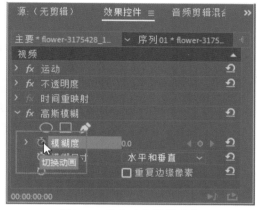

图3-40 开启动画设置功能

单击效果参数后的"添加/移除关键帧"按钮 ,可以在指定的时间点添加或移除关键帧,如图3-41所示。单击"转到上一关键帧"按钮◀,可以将时间线移动到该时间线之前的一个关键帧位置。单击"转到下一关键帧"按钮▶,可以将时间线移动到该时间线之后的一个关键帧位置。

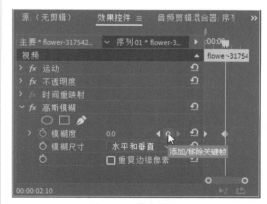

图3-41 单击按钮

3.3.3 "效果控件"面板菜单

"效果控件"面板菜单用于控制面板中的所有素材。单击"效果面板"右上角的■按钮，可展开面板菜单，在此菜单中可以激活或禁用预览、选择预览质量，还可以激活或禁用效果，如图3-42所示。

图3-42 "效果控件"面板菜单

3.4 应用视频效果

在Premiere Pro 2020中除了可以对常用素材应用视频效果外，还可以对具有Alpha通道的素材应用视频效果。

3.4.1 对素材应用视频效果

对素材应用视频效果的方法与之前提到的添加过渡效果的方法基本相同，即在"效果"面板中选择所需效果，将其拖动添加至"时间轴"面板的素材上，如图3-43所示。

图3-43 添加效果

技巧

一个素材可以添加多个效果，且同一个素材可以添加具有不同设置的同种效果。

练习3-4 飘落的枫叶效果

难度：☆☆	
资源文件：第3章\练习3-4	
在线视频：第3章\练习3-4飘落的枫叶效果.mp4	

将"效果"面板中的视频效果拖至素材

上，就可以将一个或多个视频效果应用于整个视频素材。添加视频效果，可以修改素材的色彩，或改变素材的运动方向等。

01 启动 Premiere Pro 2020，在菜单栏中执行"文件"→"打开项目"命令，将素材文件夹中的"飘落的枫叶.prproj"文件打开。

02 进入工作界面后，将"项目"面板中的"背景.jpg"素材添加至"时间轴"面板的V1轨道中，如图3-44所示。

图3-44 添加素材

03 在"时间轴"面板中选中"背景.jpg"素材，然后在"效果控件"面板中设置"缩放"参数为73，如图3-45所示。

04 在"时间轴"面板中右击"背景.jpg"素材，在弹出的快捷菜单中执行"速度/持续时间"命令，在弹出的对话框中设置"持续时间"为00:00:14:09，如图3-46所示，完成后单击"确定"按钮。

图3-45 设置"缩放"参数

图3-46 设置"持续时间"参数

05 将"项目"面板中的"树叶.mov"素材添加至"时间轴"面板的V2轨道中,如图3-47所示。

图3-47 添加素材

06 在"时间轴"面板中选中"树叶.mov"素材,然后在"效果控件"面板中调整其"位置"及"缩放"参数,如图3-48所示。

图3-48 设置参数

07 在"效果"面板中搜索"颜色平衡(RGB)"效果,将其添加至"树叶.mov"素材上,然后在"效

果控件"面板中展开"颜色平衡(RGB)"效果,设置"红色"参数为75,如图3-49所示。

图3-49 设置参数

08 在"效果"面板中搜索"水平翻转"效果,将其添加至"树叶.mov"素材上,如图3-50所示。

图3-50 添加效果

09 在"节目"监视器面板中预览最终效果,如图3-51所示。

图3-51 预览效果

3.4.2 设置标记以应用视频效果

在Premiere Pro 2020中,用户可以查看整个项目,并在指定区域设置标记,以便对这些区域中的视频素材添加视频效果。

难度：☆☆

资源文件：第3章\练习3-5

在线视频：第3章\练习3-5结合标记应用视频效果.mp4

在Premiere Pro 2020中，用户可设置入点和出点标记、未编号标记，也可以使用"时间轴"面板或"效果控件"面板上的时间线标尺设置标记，可以通过"效果控件"面板上的时间线标尺查看并编辑标记。

01 启动Premiere Pro 2020,在菜单栏中执行"文件"→"打开项目"命令，将素材文件夹中的"结合标记应用视频效果 .prproj"文件打开。

02 在"时间轴"面板中将时间线移至00:00:03:20位置，然后右击█，在弹出的快捷菜单中执行"添加标记"命令，如图3-52所示。

图3-52 执行"添加标记"命令

03 该时间点处添加了一个绿色标记，如图3-53所示。

图3-53 添加的绿色标记

技巧

若在选中素材状态下执行"添加标记"命令，则标记将添加在素材上方。

04 下面尝试在"效果控件"面板中添加标记。选中"小狗 .mp4"素材，在"效果控件"面板中显示时间轴视图，然后将时间线移至00:00:10:00位置，右击█，在弹出的快捷菜单中执行"添加标记"命令，如图3-54所示。

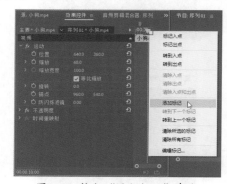

图3-54 执行"添加标记"命令

05 该时间点处添加了一个绿色标记，如图3-55所示。

图3-55 添加的绿色标记

06 用同样的方法，在00:00:17:08位置添加一个标记，如图3-56所示。

图3-56 添加标记

07 在"效果控件"面板中右击■，在弹出的快捷菜单中执行"转到上一标记"命令，如图3-57所示。

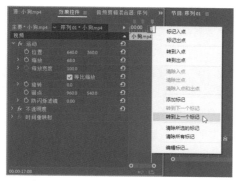

图3-57 执行"转到上一标记"命令

08 执行"转到上一标记"命令，定位到第1个标记所处的时间点，如图3-58所示。

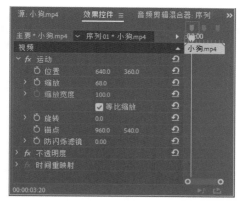

图3-58 定位到第1个标记

09 在"效果"面板中搜索"查找边缘"效果，将其添加至"小狗.mp4"素材上。选中素材，在"效果控件"面板中单击"与原始图像混合"参数前的"切换动画"按钮■，添加一个关键帧，如图3-59所示。

图3-59 添加关键帧

10 跳转至下一个标记所处的时间点，调整"与原始图像混合"参数为100%，在该时间点将自动添加一个关键帧，如图3-60所示。

图3-60 设置参数

11 跳转至最后一个标记所处时间点，调整"与原始图像混合"参数为0%，在该时间点将自动添加一个关键帧，如图3-61所示。

图3-61 设置参数

12 在"节目"监视器面板中预览最终画面效果，如图3-62所示。

图3-62 预览效果

在编辑视频效果时，可以将效果从一个素材上复制粘贴到另一个素材上。在"效果控件"面板中，单击选中需要进行复制的效果（按Shift键并单击可以同时选中多个效果），然后执行"编辑"→"复制"命令，或按组合键 Ctrl + C，此时可以复制所选效果。接着，在"时间轴"面板中选中想要应用这些效果的素材，执行"编辑"→"粘贴"命令，或按组合键 Ctrl + V，即可完成效果的粘贴操作。

3.5 知识总结

　　本章主要介绍了Premiere Pro 2020中各类转场效果及视频效果的添加与应用。为素材添加视频效果的操作非常简单，"视频过渡"类效果可以拖至素材的首尾处或相邻素材之间；其他效果直接拖至素材上方即可。当在"时间轴"面板中选中效果时，可进入"效果控件"面板，对效果参数进行自定义设置，以制作出更加符合要求的画面效果。此外，在Premiere Pro 2020中，用户可以结合关键帧应用视频效果，这在后续的章节中会进行详细讲解。

3.6 拓展训练

　　本节安排了两个拓展训练，以帮助读者巩固本章所学内容。

训练3-1 制作网格转场效果

难度：☆☆

资源文件：第3章\训练3-1

在线视频：第3章\训练3-1制作网格转场效果.mp4

◆分析

　　为素材应用效果不是单纯地将效果添加到素材即可，Premiere Pro 2020的强大之处在于相关参数的可控性。在"效果控件"面板中调节参数，设置关键帧，可以令画面效果"更上一层楼"。本训练的最终完成效果如图3-63所示。

图3-63 网格转场最终效果（续）

图3-63 网格转场最终效果

◆ 知识点

1.使用"网格"视频效果
2.效果参数及关键帧的设置

训练3-2 制作宠物电子相册

难度：☆☆
资源文件：第3章\训练3-2
在线视频：第3章\训练3-2制作宠物电子相册.mp4

◆ 分析

电子相册相比传统相册来说，更加生动、有趣。将静止的照片进行组合，然后为其添加动态效果，使普通的图像变为影片，能为观者带来更佳的视听体验。本训练的最终完成效果如图3-64所示。

图3-64 电子相册最终效果

图3-64 电子相册最终效果（续）

◆ 知识点

1.为图像素材添加转场效果
2.图像大小、位置及旋转参数的调整
3.素材的嵌套操作

第 **4** 章

动画效果的创建

　　在Premiere Pro 2020中，素材对象要产生动画效果，除了可以应用内置的特殊效果之外，还可以为素材的运动参数添加关键帧，来产生缩放、旋转等动画效果。此外，为已经添加至素材的视频效果属性添加关键帧，可以营造更丰富的视觉效果。

教学目标

掌握添加关键帧的方法　|　掌握关键帧的移动、复制和删除操作
掌握关键帧曲线的调整方法

Premiere Pro 2020在"时间轴"面板和"效果控件"面板中提供了关键帧轨道。关键帧轨道可以使关键帧的创建、编辑和操作更为快速、更有条理且更精确。

4.1.1 认识基本运动参数

要为素材添加动画效果，首先需要对素材的基本运动参数有所了解。将素材添加至"时间轴"面板后，选中素材，进入"效果控件"面板，单击"运动"选项前的▶按钮，展开相关参数，其中包含了位置、缩放、缩放宽度、旋转和锚点等，如图4-1所示。

图4-1 运动参数

单击"缩放"参数前的▶按钮，展开参数调节滑块，拖动该滑块可以调整参数数值，如图4-2所示。此外，在参数对应的数值上单击，可以手动输入数值；将鼠标指针移动到数值上方，左右拖动同样可以改变数值大小，如图4-3所示。

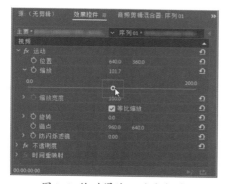

图4-2 拖动滑块以改变数值

图4-3 在数值上方左右拖动以改变数值

主要运动选项说明具体如下。

- 位置：是素材相对于整个屏幕所在的坐标，参数后的两个值分别表示素材的中心点在屏幕上的x和y坐标值。
- 缩放：用来设置素材的尺寸百分比；参数下方的"等比缩放"复选框默认为勾选状态，此时素材只能按照设置的比例进行缩放变化；若取消勾选该复选框，则可分别对素材进行水平拉伸和垂直拉伸。
- 旋转：使素材围绕中心点进行任意角度的转动，用户可以根据需要对素材位置进行调整。
- 锚点：即素材的轴心点，素材的位置、旋转和缩放都是基于锚点来进行操作的；调整参数右侧的坐标数值，可以改变锚点的位置。
- 防闪烁滤镜：对处理的素材进行颜色的提取，从而减少或避免素材中画面闪烁的现象。

练习4-1 调整素材画面的大小 重点

难度：☆

资源文件：第4章\练习4-1

在线视频：第4章\练习4-1调整素材画面的大小.mp4

若导入Premiere Pro 2020的素材文件与当前序列不符合，则可以进入"效果控件"面板对素材的基本运动参数进行调整，使其符合当前画面的要求。

01 启动 Premiere Pro 2020，在菜单栏中执行"文件"→"打开项目"命令，将素材文件夹中的"调整素材画面的大小 .prproj"文件打开。

02 进入工作界面后，执行"文件"→"新建"→"序列"命令，在弹出的"新建序列"对话框中选择"HDV 720p25"预设序列，如图 4-4 所示，完成后单击"确定"按钮。

图4-4 创建序列

03 将"项目"面板中的"天空 .jpg"素材添加至"时间轴"面板的 V1 轨道中，如图 4-5 所示。

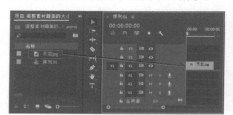

图4-5 添加素材

04 在"节目"监视器面板中预览素材效果，可发现图像的画面没有完全展开，如图 4-6 所示。

图4-6 预览效果

05 在"时间轴"面板中选中"天空 .jpg"素材，进入"效果控件"面板，设置"运动"选项下方的"缩放"参数为 68，如图 4-7 所示。

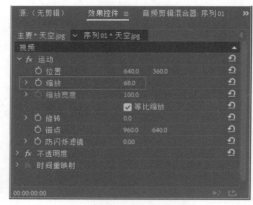

图4-7 设置参数

06 在"节目"监视器面板中预览调整后的画面效果。调整前后效果对比如图 4-8 所示。

图4-8 调整前后效果对比

4.1.2 添加关键帧

要添加关键帧，可以在"效果控件"面板中单击效果参数前的"切换动画"按钮，如图4-9所示；也可以在"时间轴"面板中单击"添加-移除关键帧"按钮，来激活关键帧，如图4-10所示。

图4-9 在"效果控件"面板中添加关键帧

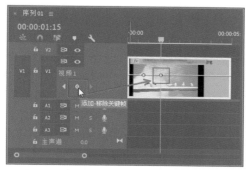

图4-10 在"时间轴"面板中添加关键帧

在"时间轴"面板中进行关键帧添加工作时,右击素材,在弹出的快捷菜单中执行"显示剪辑关键帧"命令,可在子快捷菜单中选择需要在素材上方显示的关键帧参数,如图4-11所示。

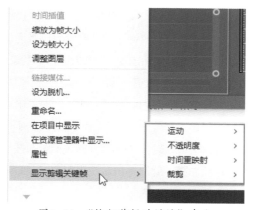

图4-11 "执行剪辑关键帧"命令

在Premiere Pro 2020中为参数添加关键帧有几种不同的操作方法,下面将分别进行讲解。在进行视频编辑处理时,读者可以选择喜欢的方式进行操作。

练习4-2 使用"切换动画"按钮添加关键帧 （重点）

难度: ☆ ☆

资源文件: 第4章\练习4-2

在线视频: 第4章\练习4-2使用"切换动画"按钮添加
关键帧.mp4

在"效果控件"面板中,每个属性前都有一个"切换动画"按钮,单击该按钮可激活关键帧,此时按钮会由灰色变为蓝色;再次单击该按钮,则会关闭该属性的关键帧。

01 启动 Premiere Pro 2020,在菜单栏中执行"文件"→"打开项目"命令,将素材文件夹中的"添加关键帧 .prproj"文件打开。

02 在"时间轴"面板中将时间线移至 00:00:00:00 位置,选中"红色蛋糕 .jpg"素材,进入"效果控件"面板,然后单击"位置"参数前的"切换动画"按钮,在当前时间点添加第 1 个关键帧,如图 4-12 所示。

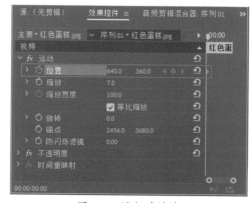

图4-12 添加关键帧

03 将时间线移至 00:00:02:00 位置,在"效果控件"面板中调整"红色蛋糕 .jpg"素材的"位置"参数为 289、360,此时会自动创建出第 2 个关键帧,如图 4-13 所示。

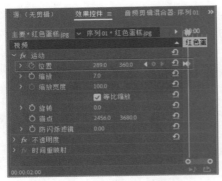

图4-13 创建第2个关键帧

04 在"时间轴"面板中,将时间线移至00:00:04:00位置,选中"蓝色冰激凌.jpg"素材,进入"效果控件"面板,然后单击"位置"参数前的"切换动画"按钮◎,在当前时间点添加第1个关键帧,如图4-14所示。

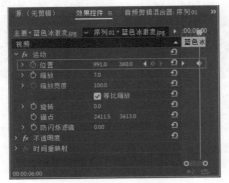

图4-14 添加关键帧

05 将时间线移至00:00:06:00位置,在"效果控件"面板中调整"蓝色冰激凌.jpg"素材的"位置"参数为991、360,此时会自动创建出第2个关键帧,如图4-15所示。

图4-15 创建第2个关键帧

06 在"节目"监视器面板中预览最终效果,如图4-16所示。

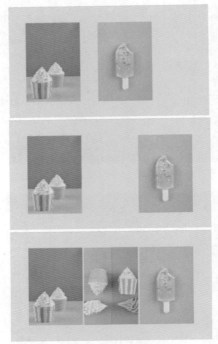

图4-16 预览效果

练习4-3 使用"添加/移除关键帧"按钮添加关键帧 **重点**

难度:☆
资源文件:第4章\练习4-3
在线视频:第4章\练习4-3使用"添加/移除关键帧"按钮 添加关键帧.mp4

在"效果控件"面板中,使用"切换动画"按钮◎为某一属性添加关键帧后(激活关键帧),属性右侧将出现"添加/移除关键帧"按钮◎。当时间线处于关键帧位置时,"添加/移除关键帧"按钮为蓝色状态◎,此时单击该按钮可以移除该位置的关键帧;当时间线所处位置没有关键帧时,"添加/移除关键帧"按钮为灰色状态◎,此时单击该按钮可在当前时间点处添加一个关键帧。

01 启动Premiere Pro 2020,在菜单栏中执行

"文件"→"打开项目"命令，将素材文件夹中的"雪人.prproj"文件打开。

02 进入工作界面后，在"时间轴"面板中选中"雪人.jpg"素材，进入"效果控件"面板，展开"不透明度"选项，此时可以看到默认状态下的"不透明度"关键帧为激活状态，如图4-17所示。

图4-17 展开"不透明度"选项

03 将时间线移至00:00:01:00位置，单击"不透明度"参数后的"添加/移除关键帧"按钮◎，在当前位置添加一个关键帧，如图4-18所示。

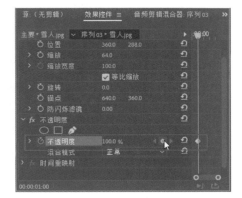

图4-18 添加关键帧

04 将时间线移至00:00:00:00位置，在该时间点调整"不透明度"参数为0%，调整参数后将自动添加一个关键帧，如图4-19所示。

05 用上述的方法，将时间线移至00:00:04:08位置，单击"不透明度"参数后的"添加/移除关键帧"按钮◎，添加一个关键帧。将时间线移至00:00:04:22位置，在该时间点调整"不透明度"参数为0%，即可添加一个关键帧，如图4-20所示。

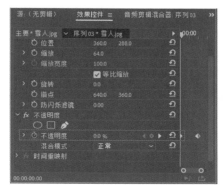

图4-19 调整参数

图4-20 添加关键帧

06 在"节目"监视器面板中预览最终画面效果，如图4-21所示。

图4-21 预览效果

练习4-4 在"节目"监视器面板中添加关键帧 ⊕ 重点

难度： ☆
资源文件：第4章\练习4-3
在线视频：第4章\练习4-4在"节目"监视器面板中添加关键帧.mp4

在"效果控件"面板中激活素材的关键帧属性后，用户可以选择在"节目"监视器面板中调整素材，来创建关键帧。

01 启动 Premiere Pro 2020，在菜单栏中执行"文件"→"打开项目"命令，将素材文件夹中的"花.prproj"文件打开。

02 进入工作界面后，在"时间轴"面板中选中"花.jpg"素材，进入"效果控件"面板，在00:00:00:00 时间点单击"位置"参数前的"切换动画"按钮 ⊙，激活关键帧，如图4-22 所示。

图4-22 激活关键帧

03 在"节目"监视器面板中双击"花.jpg"素材，此时图像周围出现了控制框，如图4-23 所示。

图4-23 激活控制框

04 在"节目"监视器面板中，将图像拖至画面左上角，如图4-24 所示，调整图像位置后，"效果控件"面板中的"位置"参数也会发生相应变化。

图4-24 拖动图像

05 将时间线移至 00:00:02:15 位置，然后在"节目"监视器面板中，将图像拖至画面右下角，此时将出现图像的运动轨迹，如图4-25 所示。同时，在"效果控件"面板中将生成一个新的"位置"关键帧。

图4-25 运动轨迹

06 在"节目"监视器面板中预览画面效果，如图4-26 所示。

图4-26 预览效果

难度：☆☆

资源文件：第4章\练习4-5

在线视频：第4章\练习4-5在"时间轴"面板中添加关键帧.mp4

在"时间轴"面板中添加关键帧，有助于用户更加直观地分析和修改参数。

01 启动 Premiere Pro 2020，在菜单栏中执行"文件"→"打开项目"命令，将素材文件夹中的"荷花.prproj"文件打开。

02 在"时间轴"面板中，双击 V2 轨道中"荷花.jpg"素材前的空白位置，将素材展开，如图4-27 所示。

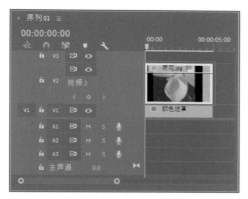

图4-27 展开素材

03 右击 V2 轨道中的"荷花.jpg"素材，在弹出的快捷菜单中执行"显示剪辑关键帧"→"不透明度"→"不透明度"命令，如图4-28 所示。

图4-28 执行"不透明度"命令

04 将时间线移至 00:00:00:00 位置，单击 V2 轨道前的"添加/移除关键帧"按钮 ◎，此时在素材上方添加了一个关键帧，如图4-29 所示。

05 将时间线移至 00:00:02:00 位置，单击 V2 轨道前的"添加/移除关键帧"按钮 ◎，为素材添加第 2 个关键帧，如图4-30 所示。

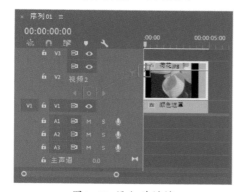

图4-29 添加关键帧

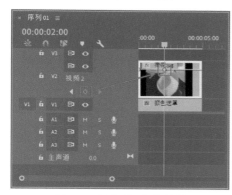

图4-30 添加第2个关键帧

06 在"时间轴"面板中选中素材上方的第 1 个关键帧，将该关键帧向下拖动，直到数值变为 0，如图4-31 所示。

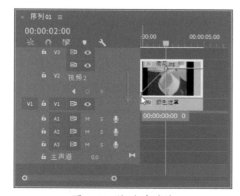

图4-31 拖动关键帧

技巧

在"时间轴"面板中，向下拖动关键帧可减小参数数值，向上拖动关键帧可增加参数数值。

07 在"节目"监视器面板中预览最终效果，如图 4-32 所示。

图4-32 预览效果

4.2 关键帧的基本操作

在添加关键帧后，用户可对关键帧进行移动、复制和删除操作，以便根据需要不断完善动画效果。

4.2.1 移动关键帧 〔重点〕

通过移动关键帧可以控制动画的节奏，如两个关键帧间的距离越远，最终动画所呈现的节奏就越慢；两个关键帧间的距离越近，最终动画所呈现的节奏就越快。

1. 移动单个关键帧

在"效果控件"面板中，展开已经制作完成的关键帧效果，单击工具箱中的"移动工具"按钮▶，将鼠标指针放在需要移动的关键帧上方，按住鼠标左键左右移动，当移动到合适的位置时，释放鼠标即可完成单个关键帧的移动操作，如图4-33所示。

图4-33 移动单个关键帧（续）

2. 移动多个关键帧

单击工具箱中的"移动工具"按钮▶，按住鼠标左键对需要移动的关键帧进行框选，接着对选中的关键帧向左或向右进行拖动，即可完成多个关键帧的移动操作，如图4-34所示。

图4-33 移动单个关键帧

图4-34 移动多个关键帧

图4-34 移动多个关键帧（续）

当想要同时移动的关键帧不相邻时，单击工具箱中的"移动工具"按钮▶，按住Ctrl键或Shift键的同时，选中需要移动的关键帧，然后按住鼠标左键进行拖动即可，如图4-35所示。

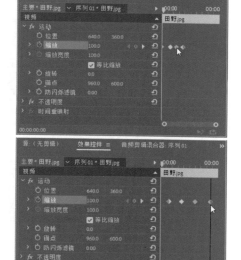

图4-35 移动不相邻关键帧

4.2.2 复制关键帧

在制作影片或动画时，经常会遇到不同素材需要使用同一动画效果的情况，这就需要为它们设置相同的关键帧。在Premiere Pro 2020中，选中制作完成的关键帧动画，执行复制、粘贴命令，可以更快捷地完成其他素材的同种动画制作。

1. 使用 Alt 键拖动复制

单击工具箱中的"移动工具"按钮▶，在"效果控件"面板中选中需要复制的关键帧，在按住Alt键的同时，将其向左或向右拖动以进行复制，如图4-36所示。

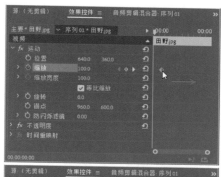

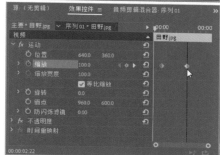

图4-36 拖动以复制关键帧

2. 通过快捷菜单复制

单击工具箱中的"移动工具"按钮▶，在"效果控件"面板中右击需要复制的关键帧，在弹出的快捷菜单中执行"复制"命令，如图4-37所示。

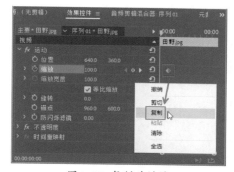

图4-37 复制关键帧

将时间线移动到合适位置，右击，在弹

出的快捷菜单中执行"粘贴"命令，复制的关键帧便会出现在时间线所处位置，如图4-38所示。

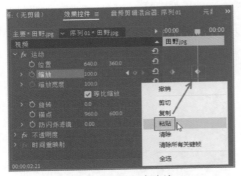

图4-38 粘贴关键帧

3. 使用组合键 Ctrl + C 复制

单击工具箱中的"移动工具"按钮 ▶，单击选中需要复制的关键帧，然后按组合键Ctrl＋C进行复制。接着，将时间线移动到合适位置，按组合键Ctrl＋V进行粘贴，如图4-39所示。该方法操作简单且节约时间，是比较常用的一种方法。

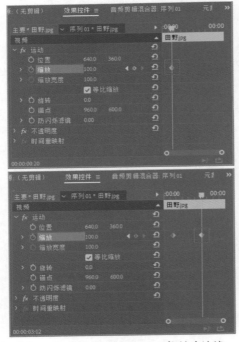

图4-39 使用组合键Ctrl＋V复制关键帧

练习4-6 复制关键帧操作

难度：☆☆
资源文件：第4章\练习4-6
在线视频：第4章\练习4-6复制关键帧操作.mp4

在为素材添加了关键帧后，若后续想要为其他素材设置同样的动画效果，进行复制和粘贴操作可以有效地节省工作时间，省去多次设置参数这一烦琐操作。

01 启动 Premiere Pro 2020，在菜单栏中执行"文件"→"打开项目"命令，将素材文件夹中的"复制关键帧操作.prproj"文件打开。

02 进入工作界面后，在"时间轴"面板中选中"星光.png"素材，进入"效果控件"面板，展开"不透明度"选项，设置"混合模式"为"滤色"，如图4-40所示。

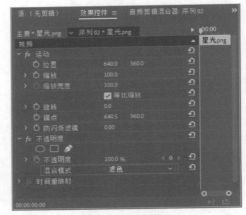

图4-40 设置参数

03 得到的图像效果如图4-41所示。

图4-41 预览效果

04 将时间线移至00:00:00:00位置，在"效果控件"面板中调整"不透明度"参数为70%（关键帧默认为已激活状态），创建第 1 个"不透明度"关键帧，如图 4-42 所示。

05 将时间线移至 00:00:01:00 位置，调整"不透明度"参数为 100%，创建第 2 个关键帧，如图 4-43 所示。

图4-42 创建第1个关键帧

图4-43 创建第2个关键帧

06 在"效果控件"面板中同时选中上述操作中创建的两个关键帧，按组合键 Ctrl + C 复制关键帧。将时间线移至 00:00:01:21 位置，按组合键 Ctrl + V 将两个关键帧粘贴至当前时间点，如图 4-44 所示。

图4-44 复制并粘贴关键帧

图4-44 复制并粘贴关键帧（续）

07 将时间线移至 00:00:03:18 位置，按组合键 Ctrl + V 将两个关键帧粘贴至当前时间点，如图 4-45 所示。

图4-45 粘贴关键帧

08 在"节目"监视器面板中预览最终效果，可以看到"星光 .png"素材的闪烁变化，如图 4-46 所示。

图4-46 预览效果

4.2.3 删除关键帧 ●重点

在实际操作中，有时在素材文件中会有多余的关键帧，这些关键帧既无实质性用途，又会使动画变得复杂，此时需要对多余的关键帧进行删除处理。

1. 使用 Delete 键删除

单击工具箱中的"移动工具"按钮▶，然后在"效果控件"面板中选中需要删除的关键帧，按Delete键即可完成删除操作，如图4-47所示。

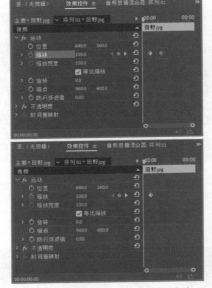

图4-47 使用Delete键删除关键帧

2. 使用"添加 / 移除关键帧"按钮删除

在"效果控件"面板中，将时间线移动到需要删除的关键帧上，单击已启用的"添加/移除关键帧"按钮 ◀ ◇ ▶，即可删除该关键帧，如图4-48所示。

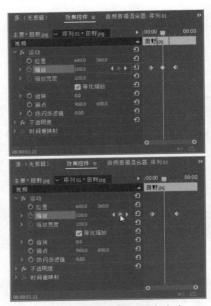

图4-48 单击按钮删除关键帧

3. 执行"清除"命令删除

单击工具箱中的"移动工具"按钮▶，右击需要删除的关键帧，在弹出的快捷菜单中执行"清除"命令，即可删除所选关键帧，如图4-49所示。

图4-49 执行命令删除关键帧

4.3 关键帧插值

在Premiere Pro 2020中，运用关键帧插值可以控制关键帧之间的过渡速度变化。关键帧插值主要分为"临时插值"和"空间插值"两种。一般情况下，系统默认使用线性插值法，若想要更改插值类型，则可右击关键帧，在弹出的快捷菜单中对类型进行更改，如图4-50所示。

图4-50 更改插值类型

4.3.1 临时插值

临时插值控制进出关键帧的速度变化。有关临时插值的命令如图4-51所示，下面对这些命令进行具体介绍。

图4-51 有关临时插值的命令

1. 线性

"线性"插值可以在关键帧之间创建匀速变化。首先在"效果控件"面板中给某一属性添加两个或两个以上的关键帧，然后右击添加的关键帧，在弹出的快捷菜单中执行"临时插值"→"线性"命令，拖动时间线，当时间线与关键帧位置重合时，属性右侧的"添加/移除关键帧"按钮由灰色变为蓝色 ，此时的动画效果更为平缓，如图4-52所示。

图4-52 调整"线性"插值

图4-52 调整"线性"插值（续）

2. 贝塞尔曲线

"贝塞尔曲线"插值可以在关键帧的任意一侧手动调整曲线的形状和变化速率。在快捷菜单中执行"临时插值"→"贝塞尔曲线"命令，拖动时间线，当时间线与关键帧位置重合时，属性右侧的"添加/移除关键帧"按钮样式变为 ，并且可在"节目"监视器面板中拖动曲线控制柄来调节两侧曲线，从而改变动画的运动速度。在调节过程中，单独调节其中一个控制柄时，另一个控制柄不发生变化，如图4-53所示。

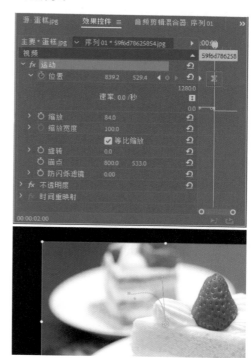

图4-53 调整"贝塞尔曲线"插值

3. 自动贝塞尔曲线

"自动贝塞尔曲线"插值可以在关键帧之间创建平滑的变化速率。执行"临时插值"→"自动贝塞尔曲线"命令，拖动时间线，当时间线与关键帧位置重合时，属性右侧的"添加/移除关键帧"按钮样式变为 。在曲线节点的两侧会出现两个没有控制线的控制点，拖动控制点可将自动曲线转换为弯曲的贝塞尔曲线，如图4-54所示。

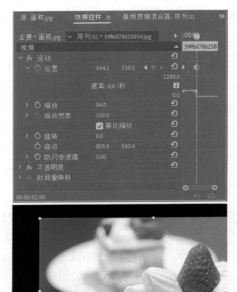

图4-54 调整"自动贝塞尔曲线"插值

4. 连续贝塞尔曲线

"连续贝塞尔曲线"插值与"自动贝塞尔曲线"插值类似，也是在关键帧之间创建平滑的变化速率。执行"临时插值"→"连接贝塞尔曲线"命令，拖动时间线，当时间线与关键帧位置重合时，属性右侧的"添加/移除关键帧"按钮样式变为 。双击"节目"监视器面板中的画面，此时会出现两个控制柄，可以拖动控制柄来改变两侧曲线的弯曲程度，从而改变动画效果，如图4-55所示。

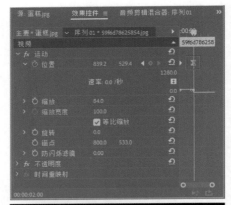

图4-55 调整"连续贝塞尔曲线"插值

5. 定格

"定格"插值可以更改属性值且不产生渐变过渡。执行"临时插值"→"定格"命令，拖动时间线，当时间线与关键帧位置重合时，属性右侧的"添加/移除关键帧"按钮样式变为 ，两个速率曲线节点将根据节点的运动状态自动调节速率曲线的弯曲程度。当动画播放到该关键帧时，将保持前一关键帧画面的效果，如图4-56所示。

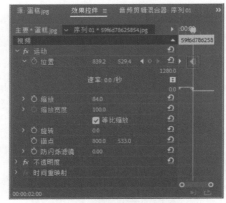

图4-56 调整"定格"插值

图4-56 调整"定格"插值（续）

6. 缓入

"缓入"插值可以逐渐减慢进入关键帧的值的变化速率。执行"临时插值"→"缓入"命令，拖动时间线，当时间线与关键帧位置重合时，属性右侧的"添加/移除关键帧"按钮样式变为 。速率曲线节点前面的画面将变成缓入的曲线效果。播放动画时，动画在进入该关键帧时时速率会逐渐变缓，消除因速度波动大而产生的画面不稳定感，如图4-57所示。

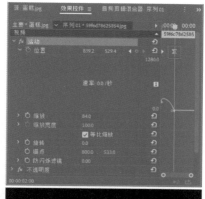

图4-57 调整"缓入"插值

7. 缓出

"缓出"插值可以逐渐加快离开关键帧的值的变化速率。执行"临时插值"→"缓出"命令，拖动时间线，当时间线与关键帧位置重合时，属性右侧的"添加/移除关键帧"按钮样

式变为 。速率曲线节点后面的画面将变成缓出的曲线效果。当播放动画时，可以使动画在离开该关键帧时速率变缓，同样可消除因速度波动大而产生的画面不稳定感，与缓入相同，如图4-58所示。

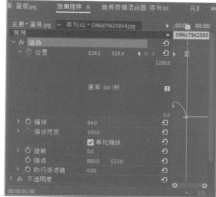

图4-58 调整"缓出"插值

4.3.2 空间插值

空间插值可以设置关键帧之间的过渡效果，如转折强烈的线性方式、过渡柔和的贝塞尔曲线方式等。有关空间插值的命令如图4-59所示，下面对这些命令进行具体介绍。

图4-59 空间插值快捷菜单

1. 线性

执行"空间插值"→"线性"命令，关键帧两侧的速率曲线为直线，角度转折较明显，

如图4-60所示。播放动画时会产生位置突变的效果。

图4-60 预览效果

2. 贝塞尔曲线

执行"空间插值"→"贝塞尔曲线"命令，可在"节目"监视器面板中手动调节控制点两侧的控制柄，拖动控制柄来调节曲线形状和画面的动画效果，如图4-61所示。

图4-61 预览效果

3. 自动贝塞尔曲线

执行"空间插值"→"自动贝塞尔曲线"命令，更改自动贝塞尔关键帧数值时，控制点两侧的手柄位置会自动更改，以保持关键帧之间的速率变化平滑。如果手动调整自动贝塞尔曲线的方向手柄，那么可以将其转换为连续贝塞尔曲线的关键帧，如图4-62所示。

图4-62 预览效果

4. 连续贝塞尔曲线

执行"空间插值"→"连续贝塞尔曲线"命令后，可以手动设置控制点两侧的控制柄来调整曲线方向，以此来调整曲线的方向，与"自动贝塞尔曲线"操作相同，如图4-63所示。

图4-63 预览效果

4.3.3 速率图表

使用Premiere Pro 2020中的速率图表，可以有效调整关键帧前后运动的变化速率。通过速率图表可以模拟现实运动，例如更改剪辑的运动、使相邻关键帧变速等。为参数创建关键帧后，进入其"效果控件"面板，单击参数前的▶按钮，可以展开其速率图表，如图4-64所示，添加的关键帧对应图表上方的控制点。

图4-64 展开关键帧曲线

练习4-7 调整素材运动速率

难度：☆☆☆

资源文件：第4章\练习4-7

在线视频：第4章\练习4-7调整素材运动速率.mp4

通常情况下，为素材创建的关键帧是较为平缓的，若想更改素材运动的速率，则可通过其速率图表来进一步调整。

01 启动 Premiere Pro 2020，在菜单栏中执行"文件"→"打开项目"命令，将素材文件夹中的"调整素材运动速率.prproj"文件打开。

02 在"时间轴"面板中选中"圆形"素材，进入"效果控件"面板，在00:00:00:00时间点单击"位置"参数前的"切换动画"按钮，激活关键帧，如图 4-65 所示，此时对应的画面效果如图 4-66 所示。

图4-65 激活关键帧

图4-66 预览效果

03 在"节目"监视器面板中双击"圆形"素材对象，激活其控制框，如图 4-67 所示。

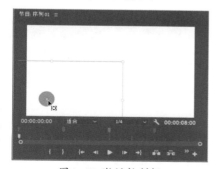

图4-67 激活控制框

04 将时间线移至 00:00:02:00 位置，然后在"节目"监视器面板中调整对象所处位置，如图 4-68 所示。

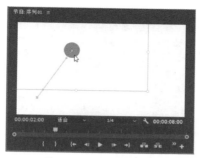

图4-68 调整对象位置

技巧

在调整对象位置前，可先确定对象锚点的位置，一般建议先将对象锚点移至对象中心处，再进行后续操作，也可以根据实际需要确定锚点位置。

05 用上述的方法，将时间线移至 00:00:04:00 位置，在"节目"监视器面板中调整对象所处位置，如图 4-69 所示；将时间线移至 00:00:06:00 位置，在"节目"监视器面板中调整对象所处位置，如图 4-70 所示。

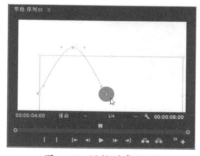

图4-69 调整对象位置

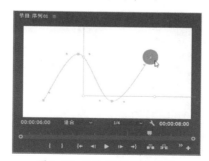

图4-70 再次调整对象位置

06 在"效果控件"面板中同时选中 4 个关键帧，然后单击"位置"参数前的按钮，展开速率图表，如图 4-71 所示。

图4-71 展开速率图表

07 右击关键帧，在弹出的快捷菜单中执行"临时插值"→"缓入"命令，如图4-72所示。

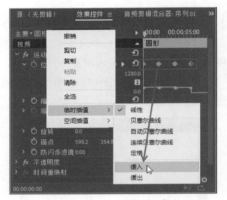

图4-72 执行"缓入"命令

08 用同样的方法，右击关键帧，在弹出的快捷菜单中执行"临时插值"→"缓出"命令，如图4-73所示。

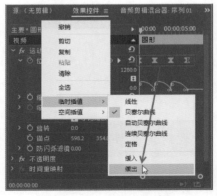

图4-73 执行"缓出"命令

09 速率图表状态发生改变，如图4-74所示。

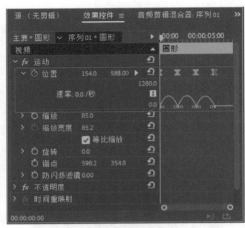

图4-74 速率图表改变

10 拖动控制柄微调曲线，如图4-75所示。

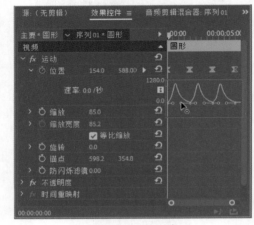

图4-75 调整曲线

11 在"节目"监视器面板中预览调整后的运动效果，如图4-76所示。

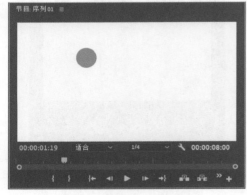

图4-76 预览运动效果

4.4 知识总结

通过Premiere Pro 2020的关键帧功能，用户可以有效地修改时间线上某些特定位置的视频效果。Premiere Pro 2020在创建预览时，会不断插入效果，渲染在设置点之间的所有变化帧。关键帧可以让视频素材或静态素材更加生动。

4.5 拓展训练

本节安排了两个拓展训练，以帮助读者巩固本章所学内容。

训练4-1 为新素材添加已有效果

难度：☆
资源文件：第4章\训练4-1
在线视频：第4章\训练4-1为新素材添加已有效果.mp4

◆分析

在进行视频编辑时，若需要对"时间轴"面板中的新素材应用前一素材已有的关键帧动画效果，则可先选中前一素材的关键帧进行复制，然后再选中新素材，将关键帧粘贴到其中。本训练的最终完成效果如图4-77所示。

图4-77 最终效果

◆知识点

1．关键帧的选择
2．关键帧的复制

训练4-2 调整缩放运动速率

难度：☆☆
资源文件：第4章\训练4-2
在线视频：第4章\训练4-2调整缩放运动速率.mp4

◆分析

在为素材创建了缩放关键帧动画后，对关键帧执行"缓入"和"缓出"命令，并减慢进入关键帧的值的变化，逐渐加快离开关键帧的值的变化。通过该操作，平缓的关键帧运动将被改善，关键帧运动将更具动感。本训练的最终完成效果如图4-78所示。

图4-78 最终效果

◆知识点

1．使用关键帧插值控制效果变化
2．速率图表的应用

第 **5** 章

叠加与抠像技术

抠像是影视制作过程中常用的一种技术手段，可使实景画面更有层次感和设计感，是制作虚拟场景的重要方法之一。而叠加是将多个素材混合在一起，从而产生各种特殊效果。叠加与抠像技术有着必然的联系，因此本章将两者放在一起来进行讲解。

教学目标

掌握叠加与抠像类效果的应用 | 认识Premiere Pro 2020中的"键控"效果

5.1 叠加与抠像概述

抠像，即对指定区域的颜色进行去除，使指定区域透明化，以此来完成与其他素材的合成。叠加与抠像是紧密相连的，在Premiere Pro 2020中，叠加类效果主要用于抠像处理，以及对素材进行动态跟踪和叠加各种不同的素材。它们是影视编辑与制作中常用的技术手段。

5.1.1 什么是叠加

在进行视频编辑时，有时需要让两个或多个画面同时出现，这种情况下就可以使用叠加技术。在Premiere Pro 2020的"效果"面板中，展开"视频效果"中的"键控"文件夹，其中提供的多种效果可以帮助用户轻松实现素材的叠加。素材叠加前后效果如图5-1所示。

图5-1 叠加前后效果

5.1.2 什么是抠像

抠像是一种将画面中某一颜色区域转换为透明区域的技术，其最终目的是为了将人物（或其他主体物）与背景进行融合。使用其他背景素材替换原来的纯色背景，还可以适当添加一些前景元素，使它们与原始图像相互融

合，形成两层或多层画面的叠加合成，从而可以达到丰富的层次感和神奇的合成视觉艺术效果。素材的抠像应用效果如图5-2所示。

图5-2 抠像应用效果

技巧

在进行抠像和叠加处理时，需要在抠像层和背景层上下两个轨道中放置素材，并且抠像层要放在背景层的上面。对上层轨道中的素材进行抠像后，下层的背景才会显示出来。

5.1.3 拍摄前的注意事

注意在拍摄抠像素材时做到操作规范，这样才能给后期抠像工作节省很多时间，也会得到更好的画面质量。在拍摄抠像素材前，应当注意以下几点。

- 尽量选择颜色均匀且平整的绿色或蓝色背景进行拍摄。
- 拍摄时的灯光照射方向应与最终合成背景的

光线一致，这样有助于呈现更加真实的合成效果。

- 尽量避免主体对象的颜色与背景颜色相同，以免主体颜色在后期抠像时被一并抠除。

5.2 "键控"效果的应用

Premiere Pro 2020中的"键控"类效果，可以有效地使对象背景趋于透明。在添加此类效果后，再添加新的背景，可以使背景与主体对象完美融合，从而合成一些奇妙有趣的画面。

5.2.1 显示"键控"效果

在Premiere Pro 2020中，执行"窗口"→"效果"命令，确保其中的"效果"选项被勾选，如图5-3所示，操作完成后将跳转至"效果"面板。在"效果"面板中单击"视频效果"文件夹前的▶按钮，展开"效果"文件夹，接着展开"键控"文件夹即可显示其中的键控效果，如图5-4所示。

图5-3 执行"效果"命令

图5-4 "键控"效果

5.2.2 应用"键控"效果

在Premiere Pro 2020中，用户不仅可以将键控效果添加到轨道中的素材上，还可以在"时间轴"面板或者"效果控件"面板中，为键控效果添加关键帧，以便完成复杂效果的制作。

练习5-1 为素材应用"键控"效果 重点

难度：☆
资源文件：第5章\练习5-1
在线视频：第5章\练习5-1为素材应用"键控"效果.mp4

为素材应用"键控"效果的操作方法比较简单，在"键控"文件夹中选择所需效果，将其拖至素材上方，并在"效果控件"面板中调整相关参数，即可完成最终效果的制作。

01 启动 Premiere Pro 2020，在菜单栏中执行"文件"→"打开项目"命令，将素材文件夹中的"应用键控效果 .prproj"文件打开。

02 进入工作界面后，在"效果"面板中，展开"视频效果"文件夹，选中"键控"文件夹中的"Alpha 调整"效果，将其拖至"2.jpg"素材上，如图 5-5 所示。

图5-5 添加效果

03 将当前时间设置为 00:00:00:00，选中 "2.jpg" 素材，在"效果控件"面板中，单击"Alpha 调整"效果属性中"不透明度"参数前的"切换动画"按钮 ⊙，在当前时间点创建第 1 个关键帧，如图 5-6 所示。

图5-6 创建第1个关键帧

04 将当前时间设置为 00:00:02:00，然后修改 "不透明度"参数为 0%，创建第 2 个关键帧，如图 5-7 所示。

图5-7 创建第2个关键帧

05 在"节目"监视器面板中预览画面效果，如图 5-8 所示。

图5-8 预览效果

<table>
<tr><td>**5.3**</td><td>**"键控"效果介绍**</td></tr>
</table>

Premiere Pro 2020中包含9类"键控"效果，分别是"Alpha调整""亮度键""图像遮罩键""差值遮罩""移除遮罩""超级键""轨道遮罩键""非红色键""颜色键"。

5.3.1 Alpha调整

"Alpha调整"效果可以对包含Alpha通道的导入图像创建透明效果。Alpha通道是一个图像图层，表示一个由灰度颜色（包含黑色和白色）指定透明程度的蒙版。在"效果控件"面板中，通过"Alpha调整"选项的参数可以调整Alpha通道的显示方式，如图5-9所示。

图5-9 "Alpha调整"参数

"Alpha调整"选项中各参数的说明具体如下。

- 不透明度：数值越小，图像越透明。
- 忽略 Alpha：勾选该复选框后，Premiere Pro 2020 会忽略 Alpha 通道。
- 反转 Alpha：勾选该复选框后，Alpha 通道会发生反转。
- 仅蒙版：勾选该复选框后，将只显示 Alpha 通道的蒙版，而不显示其中的图像。

5.3.2 亮度键

"亮度键"效果可以有效去除素材中较暗的图像区域。在添加了"亮度键"效果后，可在"效果控件"面板中对其相关参数进行调整，如图5-10所示。

图5-10 "亮度键"参数

"亮度键"选项中各参数的说明具体如下。

- 阈值：用来调整素材的透明程度。
- 屏蔽度：用来设置被键控图像的终止位置。

5.3.3 图像遮罩键

在使用"图像遮罩键"效果时，需要在"效果控件"面板的效果属性中单击"设置"按钮，为其指定一张遮罩图像，这张图像将决定最终的显示效果。此外，用户还可以使用素材的Alpha通道或亮度来创建复合效果。在添加了"图像遮罩键"效果后，可在"效果控件"面板中对其相关参数进行调整，如图5-11所示。

图5-11 "图像遮罩键"参数

"图像遮罩键"选项中各参数的说明具体如下。

- 合成使用：用来指定创建复合效果的遮罩方式，在右侧的下拉列表框中可以选择"Alpha遮罩"或"亮度遮罩"。
- 反向：勾选该复选框后可以使遮罩反向。

5.3.4 差值遮罩

"差值遮罩"效果可以去除两个素材中相匹配的图像区域。是否使用"差值遮罩"效果取决于项目中使用何种素材，如果项目中的背景是静态的，而且位于运动素材之上，就需要使用"差值遮罩"效果将图像区域从静态素材中去掉。"差值遮罩"效果应用前后的效果对比如图5-12所示。

图5-12 应用前后的效果对比

在添加了"差值遮罩"效果后，可在"效果控件"面板中对其相关参数进行调整，如图5-13所示。

图5-13 "差值遮罩"参数

"差值遮罩"选项中各参数的说明具体如下。

- 视图：用于设置显示视图的模式，在右侧的下拉列表框中可以选择"最终输出""仅限源""仅限遮罩"这3种模式。
- 差值图层：用于指定以哪个视频轨道中的素材作为差值图层。
- 如果图层大小不同：用于设置图层是居中，还是伸缩以适合不同大小。
- 匹配容差：用于设置素材图层的容差值以使其与另一素材相匹配。
- 匹配柔和度：用于设置素材的柔和程度。
- 差值前模糊：用于设置素材的模糊程度，值越大，素材越模糊。

5.3.5 移除遮罩

"移除遮罩"效果可以由Alpha通道在视频中创建透明区域，而这种Alpha通道是在红色、绿色、蓝色和Alpha共同作用下产生的。"移除遮罩"效果通常用来去除黑色或者白色背景，对于处理纯白或者纯黑背景的图像非常有用。在添加了"移除遮罩"效果后，可在"效果控件"面板中对其相关参数进行调整，如图5-14所示。

图5-14 "移除遮罩"参数

"差值遮罩"选项中各参数的说明具体如下。

- 遮罩类型：用于指定遮罩的类型，在右侧下拉列表框中可以选择"白色"或"黑色"两种类型。

5.3.6 超级键

"超级键"又称为极致键，该效果可以使用指定颜色或相似颜色来调整图像的容差值，从而显示图像透明度，也可以使用它来修改图像的色彩显示。在添加了"超级键"效果后，可在"效果控件"面板中对其相关参数进行调整，如图5-15所示。

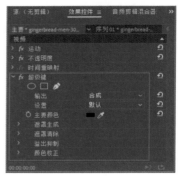

图5-15 "超级键"参数

"超级键"选项中各参数的说明具体如下。

- 输出：用于设置素材输出类型，在右侧下拉列表框中可以选择"合成""Alpha通道""颜色通道"这3种类型。
- 设置：用于设置抠像的类型，在右侧下拉列表框中可以选择"默认""弱效""强效""自定义"这4种类型。
- 主要颜色：用于设置透明颜色的针对对象。
- 遮罩生成：用于调整遮罩产生的方式，包括"透明度""高光""阴影""容差""基值"等。
- 遮罩清除：用于调整遮罩的属性类型，包括"抑制""柔化""对比度""中间点"等。
- 溢出抑制：用于对抠像后的素材边沿部分的颜色进行压缩。
- 颜色校正：用于校正素材的颜色，包括"饱和度""色相""明度"等。

5.3.7 轨道遮罩键

"轨道遮罩键"效果能够创建移动或滑动蒙版效果。通常，蒙版是一个黑白图像，能在屏幕上移动。蒙版上与黑色相对应的图像区域为透明状态，与白色相对应的图像区域为不透明状态，灰色区域为混合效果。在添加了"轨道遮罩键"效果后，可在"效果控制"面板中对其相关参数进行调整，如图5-16所示。

图5-16 "轨道遮罩键"参数

"轨道遮罩键"选项中各参数的说明具体如下。

- 遮罩：在右侧的下拉列表框中可为素材指定一个遮罩。
- 合成方式：用来指定应用遮罩的方式，在右侧的下拉列表框中可以选择"Alpha 遮罩"和"亮度遮罩"。
- 反向：勾选该复选框可使遮罩反向。

5.3.8 非红色键

"非红色键"效果可以同时去除蓝色和绿色背景，它包括两个混合滑块，可以混合两个轨道素材。"非红色键"效果应用前后的效果对比如图5-17所示。

图5-17 应用前后的效果对比

在添加了"非红色键"效果后，可在"效果控件"面板中对其相关参数进行调整，如图5-18所示。

图5-18 "非红色键"参数

"非红色键"选项中各参数的说明具体如下。

- 阈值：用来调整文件的透明程度。
- 屏蔽度：设置素材文件中"非红色键"效果的控制位置和图像屏蔽度。
- 去边：在应用该效果时，可选择去除素材的绿色边缘或者蓝色边缘。
- 平滑：用来设置素材文件的平滑程度，其中包含了"低"程度和"高"程度两种。
- 仅蒙版：设置素材文件在应用过程中自身蒙版的状态。

5.3.9 颜色键

"颜色键"效果可以去掉素材图像中所指定颜色的像素，该效果只会影响素材的Alpha通道，其应用前后的效果对比如图5-19所示。

图5-19 应用前后的效果对比

在添加了"颜色键"效果后，可在"效

果控件"面板中对其相关参数进行调整，如图
5-20所示。

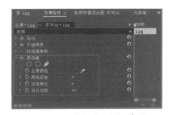

图5-20 "颜色键"参数

"颜色键"选项中各参数的说明具体如下。

● 主要颜色：用于吸取需要被键出的颜色。
● 颜色容差：用于设置素材的容差度，容差度
  越大，被键出的颜色区域越多。
● 边缘细化：用于设置键出边缘的细化程度，
  数值越小，边缘越粗糙。
● 羽化边缘：用于设置键出边缘的柔化程度，
  数值越大，边缘越柔和。

练习5-2 根据画面亮度抠像

难度：☆☆
资源文件：第5章\练习5-2
在线视频：第5章\练习5-2根据画面亮度抠像.mp4

为素材应用"亮度建"效果，可以有效抠除
其背景部分，以此来完成画面的快速合成操作。

01 启动 Premiere Pro 2020，在菜单栏中执行
"文件"→"打开项目"命令，将素材文件夹中的"根
据画面亮度抠像 .prproj"文件打开。

02 进入工作界面后，将"项目"面板中的"背
景 .jpg"素材添加至 V1 轨道中，接着选中"背
景 .jpg"素材，在"效果控件"面板中设置"缩放"
为68，如图5-21所示。完成该操作后，在"节目"
监视器面板中预览当前画面效果，如图5-22所示。

图5-21 设置参数

图5-22 预览效果

03 将"项目"面板中的"苹果 .jpg"素材添加
至 V2 轨道中。在"效果"面板中搜索"亮度键"
效果，将其添加至 V2 轨道中的"苹果 .jpg"素
材上，如图 5-23 所示。

图5-23 添加效果

04 选中"苹果 .jpg"素材，在"效果控件"
面板中展开"亮度键"效果，设置"阈值"为
7%，设置"屏蔽度"为38%，然后设置对象的"缩
放"为 46，如图 5-24 所示。

图5-24 设置参数

05 在"节目"监视器面板中预览最终合成效果，
如图5-25所示。

图5-25 预览效果

Premiere Pro 2020中的"键控"效果，可用于抠除人像背景，使背景变得透明，此时即可重新更换背景，从而合成一些奇妙有趣的画面。希望读者能重点学习并掌握本章知识点。

5.5 拓展训练

本节安排了两个拓展训练，以帮助读者巩固本章所学内容。

训练5-1 合成圣诞元素
难度：☆☆
资源文件：第5章\训练5-1
在线视频：第5章\训练5-1合成圣诞元素.mp4

◆分析

为"时间轴"面板中的素材应用"亮度键"效果，完成抠图，然后为效果参数设置关键帧，完成视频特殊效果的制作。本训练的最终完成效果如图5-26所示。

图5-26 最终效果

◆知识点

1.为素材应用"键控"效果
2.为效果添加关键帧

训练5-2 合成鸡蛋场景
难度：☆☆
资源文件：第5章\训练5-2
在线视频：第5章\训练5-2合成鸡蛋场景.mp4

◆分析

在打开项目文件后，将素材按顺序添加至"时间轴"面板中，并将素材调整到合适的大小及位置。接着为素材添加"亮度键"效果，并调整相关参数，使素材与背景更好地融合。本训练的最终完成效果如图5-27所示。

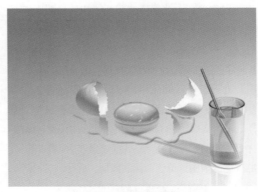

图5-27 最终效果

◆知识点

1.素材大小及位置的调整
2."亮度键"效果的应用

第 3 篇

精通篇

第 6 章

颜色的校正与调整

调色是Premiere Pro 2020的一个非常重要的功能，因为视频画面的颜色好坏在一定程度上决定着作品的好坏。通常情况下，不同的颜色具备不同的情感倾向，与作品主题相匹配的色彩能很好地传达作品的主旨。合理的颜色搭配，不仅能使画面的各个元素变得更漂亮，更重要的是还能使元素融入画面中，从而使元素显得不再突兀，画面整体氛围更加统一。

教学目标

了解色彩的基础知识及色彩校正技巧 ｜ 掌握各类型颜色校正与调整效果的具体应用

6.1 色彩的基础知识

Premiere Pro 2020中的大多数图像增强效果不是基于视频中内容的颜色机制，而是基于计算机创建颜色的原理。在使用Premiere Pro 2020进行颜色校正与调整前，本节先学习一些关于计算机颜色理论的重要概念。

6.1.1 认识颜色模式

本节将简单介绍RGB颜色模式与HLS颜色模式的相关知识。

1. RGB 颜色模式

计算机显示器上的图像的颜色是由红色、绿色和蓝色光线的不同组合而创建的。在Premiere Pro 2020中，一个图像的红色、绿色和蓝色成分都称为"通道"。

在Premiere Pro 2020中，可在"拾色器"对话框中指定红色、绿色和蓝色值来创建颜色。在Premiere Pro 2020中创建项目后，执行"文件"→"新建"→"颜色遮罩"命令，打开"拾色器"对话框，如图6-1所示。

图6-1 "拾色器"对话框

在"拾色器"对话框中，在左侧颜色区中单击一种颜色，右侧的颜色数值将发生改变。此外，用户可以自行设置红色（R）、绿色（G）和蓝色（B）的数值（数值范围为0~255），来对颜色进行更改。

下面列出的各种颜色组合有助于读者理解不同通道是如何创建颜色的。注意数值越小颜色越暗，数值越大颜色越亮。红色为0，绿色为0，蓝色也为0的组合会生成黑色，没有亮度。如果将红色、绿色和蓝色值都设置为255，就会生成白色这一亮度最高的颜色。如果红色、绿色和蓝色都为相同的数值，就会生成深浅不同的灰色，如较小的值生成深灰，较大的值生成浅灰。下面是一些常见颜色的RGB色值。

黑色：0红色 + 0绿色 + 0蓝色。

白色：255红色 + 255绿色 + 255蓝色。

青色：255绿色 + 255蓝色。

洋红色：255红色 + 255蓝色。

黄色：255红色 + 255绿色。

> **技巧**
>
> 增加RGB颜色中的两个颜色的数值会生成青色、洋红色或黄色，它们是红蓝绿的补色。理解RGB色彩关系可以为调色工作提供有效帮助。通过颜色数值的调整，可以看出绿色和蓝色值越大，生成的颜色越青；红色和蓝色值越大，生成的颜色就越贴近洋红色；红色和绿色值越大，生成的颜色就越黄。

2. HLS 颜色模式

Premiere Pro 2020的很多图像增强效果使用调整红色、绿色和蓝色通道的控件，而不使用RGB颜色模式的"色相""饱和度""亮度"控件。如果是刚刚接触色彩校正的用户，可能会产生这样的疑问：为什么使用HLS（也称作HSL）颜色模式，而不使用计算机固有的颜色创建方法RGB颜色模式呢？这是因为许多艺术家发现使用HLS颜色模式创建和调整颜色比使用RGB颜色模式更直观。在HLS颜色模式中，颜色的创建方式与颜色的感知方式非常相似。色相是指颜色，亮度是指颜色的明暗，饱和度是指颜色的强度。

使用HLS颜色模式在色相环上选择颜色并调整其强度和亮度，能够快速开始校正工作。这一技术通常比增减红绿蓝颜色值微调颜色更节省时间。

6.1.2 设置色彩校正工作区

在进行视频校色工作前，可以对工作区进行设置。执行"窗口"→"工作区"→"颜色"命令，将工作界面切换到对应模式来适应调色工作，如图6-2所示。

图6-2 "颜色"模式工作界面

6.1.3 色彩校正的基本技巧 重点

下面介绍画面色彩校正的一些基本技巧，供读者参考。

1. 校正画面整体的颜色错误

在处理作品时，先对画面整体进行观察，观察其整体颜色有没有不足，例如偏色、过曝、偏灰、明暗色差大等，如果出现这类问题，就需要对画面进行颜色校正，如图6-3所示。

一些新闻纪实类节目的视频可能无须进行美化处理，需要最大限度地保留画面真实度，那么调色工作进行到这一步就大致结束了。如果需要对画面进一步美化，那么接下来就可以继续对画面细节进行处理。

图6-3 校正前后效果对比

2. 细节美化

在完成画面基本问题的校正后，可能还存在一些细节问题，如重点部分不突出、画面颜色不美观等。画面细节的美化处理非常有必要，因为画面的重点常常集中在一个很小的部分上。在Premiere Pro 2020中，使用"调整图层"可以很好地处理画面的细节问题。

3. 帮助元素融入画面

在制作一些设计作品或创意合成时，经常需要在原有的画面中添加一些其他元素，例如在画面中添加新的主体物，或是为对象更换一个新背景等。

当在画面中添加新元素时，由于元素间有差异，因此会令合成看上去不真实。除了元素内容、虚假程度、大小比例、透视角度等问题外，最大的可能就是新元素与原始图像的颜色不统一，因此需要单独对色调倾向不同的内容进行调色处理，使不符合整体色调的局部颜色接近整体，达到画面整体统一的目的。

4. 强化气氛，辅助主题表现

在画面整体、细节及新增元素的颜色都处理好之后，画面的颜色基本正确，但这还远远不够。要想让作品脱颖而出，需要的是让作品超越其他作品的视觉感受，因此需要对图像的颜色进行进一步调整，这里的调整考虑的是与图像主题相契合。

Premiere Pro 2020的视频波形可将色彩信息以图形的形式进行直观展示，它们模拟专业广播中使用的视频波形，对想要输出NTSC或PAL视频的用户来说非常重要。

要查看素材的波形，可执行"窗口"→"Lumetri范围"命令，进入"Lumetri范围"面板，右击，在弹出的快捷菜单中执行不同的波形显示命令，如图6-4所示。

图6-4 快捷菜单及命令

6.2.1 矢量示波器

矢量示波器显示的图形表示了与色相相关的素材的色度。矢量示波器显示色相，以及一个带有红色、洋红色、蓝色、青色、绿色和黄色（R、Mg、B、Cy、G和Yl）标记的颜色轮盘，如图6-5所示。用户在"Lumetri颜色"面板中调整颜色参数时，可同步观察到波形的变化。

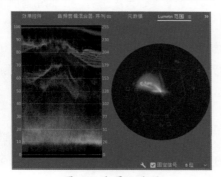

图6-5 矢量示波器

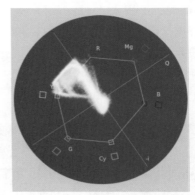

图6-5 矢量示波器（续）

6.2.2 YC波形

YC波形图如图6-6所示，它提供了一个表示视频信号强度的波形，其中Y代表亮度，C代表色度。在YC波形图中，横轴表示实际的视频素材，纵轴表示以IRE（Institute of Radio Engineers，无线电工程协会）为度量单位的信号强度。

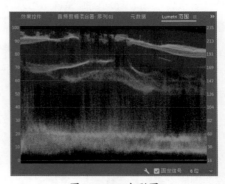

图6-6 YC波形图

YC波形图中的绿色波形表示视频亮度，视

频越亮，波形的显示位置越靠上；视频画面越暗，波形的显示位置越靠下。蓝色波形则表示色度。通常，亮度和色度会重叠在一起，而它们的IRE值也基本相同。

6.2.3 分量（RGB）波形

分量（RGB）波形图如图6-7所示，其中分别显示了视频素材中的红色、绿色和蓝色级别的波形。分量（RGB）波形图有助于用户确定素材中的色彩分布方式。

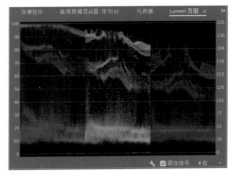

图6-7 分量（RGB）波形图

6.3 "图像控制"效果

"效果"面板中的"图像控制"类效果，可以平衡画面中强弱、浓淡、轻重等的色彩关系，使画面更加符合观众的视觉感受。"图像控制"类效果包括"灰度系数校正""颜色平衡RGB""颜色替换""颜色过滤""黑白"这5种效果，如图6-8所示。

图6-8 "图像控制"类效果

6.3.1 灰度系数校正

"灰度系数校正"效果是在不改变图像高亮区域和低亮区域的情况下，使图像变亮或者变暗的效果，其应用前后的效果对比如图6-9所示。

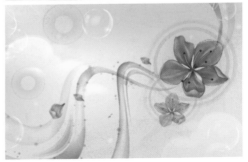

图6-9 应用前后的效果对比

为素材添加"灰度系数校正"效果后，可

在"效果控件"面板中对该效果的相关参数进行调整，如图6-10所示。

图6-10 效果参数

选项介绍如下。

● 灰度系数：设置素材文件的灰度效果，数值越小画面越亮，数值越大画面越暗。

6.3.2 颜色平衡（RGB）

用户可根据"颜色平衡（RGB）"效果参数调整画面中三原色的数量值，其应用前后的效果对比如图6-11所示。

图6-11 应用前后的效果对比

为素材添加"颜色平衡（RGB）"效果后，可在"效果控件"面板中对该效果的相关参数进行调整，如图6-12所示。

图6-12 效果参数

选项介绍如下。

● 红色：针对素材文件中的红色数量进行调整，图6-13所示为不同"红色"数量的对比效果。

图6-13 不同"红色"数量的对比效果

● 绿色：针对素材文件中的绿色数量进行调整，图6-14所示为不同"绿色"数量的对比效果。

图6-14 不同"绿色"数量的对比效果

● 蓝色：针对素材文件中的蓝色数量进行调整，图6-15所示为不同"蓝色"数量的对比效果。

图6-15 不同"蓝色"数量的对比效果

6.3.3 颜色替换

"颜色替换"效果是在不改变图像灰度的情况下，将选中的颜色及与之有一定相似度的颜色都用一种新的颜色代替的效果，其应用前后的效果对比如图6-16所示。

图6-16 应用前后的效果对比

为素材添加"颜色替换"效果后，可在"效果控件"面板中对该效果的相关参数进行调整，如图6-17所示。

图6-17 效果参数

选项介绍如下。

● 相似性：设置目标颜色的容差数值。
● 目标颜色：画面中的取样颜色。
● 替换颜色：即替换"目标颜色"的颜色。

练习6-1 使用"颜色替换"效果调整场景

难度：☆☆
资源文件：第6章\练习6-1
在线视频：第6章\练习6-1使用"颜色替换"效果调整场景.mp4

为素材应用"颜色替换"效果，可以有效地将画面中的某种颜色替换为另一种颜色，从而改变整个画面的基调。

01 启动 Premiere Pro 2020，在菜单栏中执行"文件"→"打开项目"命令，将素材文件夹中的"沙滩 .prproj"文件打开。

02 进入工作界面后，在"效果"面板中选中"颜色替换"效果，将其添加至"时间轴"面板中的"沙滩 .jpg"素材上，如图 6-18 所示。

图6-18 添加效果

03 在"时间轴"面板中选中"沙滩 .jpg"素材，然后在"效果控件"面板中展开"颜色替换"效果，设置"相似性"为 55，设置"目标颜色"为"#927E54"，"替换颜色"为"FFFFFF"，如图 6-19 所示。

図6-19 设置参数

04 在"节目"监视器面板中预览最终效果。图像调整前后效果对比如图6-20所示。

图6-20 调整前后效果对比

6.3.4 颜色过滤

"颜色过渡"效果是将图像中没有选中的颜色变成不同深浅的灰色，选中的颜色保持不变的效果，其应用前后的效果对比如图6-21所示。

图6-21 应用前后的效果对比

图6-21 应用前后的效果对比（续）

为素材添加"颜色过滤"效果后，可在"效果控件"面板中对该效果的相关参数进行调整，如图6-22所示。

图6-22 效果参数

选项介绍如下。

● 相似性：设置画面中的灰度值，图6-23所示为设置不同"相似性"参数的对比效果。

图6-23 对比效果

● 颜色：选择的颜色将会被保留。

6.3.5 黑白

"黑白"效果是将彩色图像直接转换成灰度图像的效果，其应用前后的效果对比如图6-24所示。

图6-24 应用前后的效果对比

6.4 "过时"效果

Premiere Pro 2020中的"过时"类效果包含了"RGB曲线""RGB颜色校正器""三向颜色校正器""亮度曲线""亮度校正器""快速模糊""快速颜色校正器""自动对比度""自动色阶""自动颜色""视频限幅器（旧版）""阴影/高光"这12种视频效果，如图6-25所示。

图6-25 "过时"类效果

6.4.1 RGB曲线

"RGB曲线"效果是通过调整红、绿、蓝通道和主通道的曲线来调节RGB色彩值的效果，其应用前后的效果对比如图6-26所示。

图6-26 应用前后的效果对比

图6-26 应用前后的效果对比（续）

为素材添加"RGB曲线"效果后，可在"效果控件"面板中对该效果的相关参数进行调整，如图6-27所示。

图6-27 效果参数

选项介绍如下。

- 输出：其中包括"合成"和"亮度"两种输出类型。
- 布局：其中包括"水平"和"垂直"两种布局类型。
- 拆分视图百分比：调整素材文件的视图大小。
- 辅助颜色校正：可以通过色相、饱和度和亮度来定义颜色并针对画面中的颜色进行校正。

练习6-2 打造斑驳旧照片效果

难度：☆☆☆
资源文件：第6章\练习6-2
在线视频：第6章\练习6-2打造斑驳旧照片效果.mp4

下面将为素材添加"RGB曲线"效果，以此来调整画面颜色，同时搭配"混合模式"为"边框.jpg"素材营造出泛黄感。

01 启动 Premiere Pro 2020，在菜单栏中执行"文件"→"打开项目"命令，将素材文件夹中的"照片调整 .prproj"文件打开。

02 进入工作界面后，在"时间轴"面板中将"边框.jpg"素材暂时隐藏，然后选中"小狗.jpg"素材，在"效果控件"面板中展开"不透明度"选项，设置"混合模式"为"变暗"，如图 6-28 所示。操作完成后，得到的图像效果如图 6-29 所示。

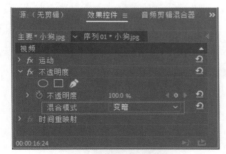

图6-28 调整参数

图6-29 预览效果

03 在"效果"面板中选中"RGB 曲线"效果，将其添加至"时间轴"面板中的"小狗.jpg"素材上，如图 6-30 所示。

图6-30 添加效果

04 选中"小狗.jpg"素材，在"效果控件"面板中展开"RGB 曲线"效果，在"主要"和"红色"曲线上单击添加一个控制点并向上拖动，以增强画面的亮度，增加红色数量，如图 6-31 所示。操作完成后，得到的图像效果如图 6-32 所示。

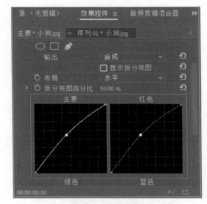

图6-31 调整参数

图6-32 预览效果

05 在"时间轴"面板中，恢复"边框.jpg"素材的显示，然后在"效果控件"面板中展开"不透明度"选项，设置"混合模式"为"线性加深"，并调整"不透明度"参数为60%，如图 6-33 所示。完成操作后，得到的最终图像效果如图 6-34 所示。

图6-33 调整参数

图6-34 预览效果

6.4.2 RGB颜色校正器

"RGB颜色校正器"效果是通过修改RGB参数来改变画面颜色和亮度的效果,其应用前后的效果对比如图6-35所示。

图6-35 应用前后的效果对比

为素材添加"RGB颜色校正器"效果后,可在"效果控件"面板中对该效果的相关参数进行调整,如图6-36所示。

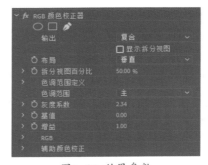

图6-36 效果参数

选项介绍如下。

- 输出:可通过"复合""亮度""色调范围"来调整素材文件的输出值。
- 布局:以"水平"或"垂直"的方式来确定视图布局。
- 拆分视图百分比:调整需要校正的视图的百分比。
- 色调范围:可通过"主""高光""中间调""阴影"来控制画面的明暗数值。
- 灰度系数:用来调整画面中的灰度值。
- 基值:从 Alpha 通道中以颗粒状滤出的一种杂色。
- 增益:可调节音频轨道混合器中的增减效果。
- RGB:可对红绿蓝颜色中的灰度系数、基值、增益数值进行设置。
- 辅助颜色校正:可对选择的颜色进行进一步准确校正。

6.4.3 三向颜色校正器

"三向颜色校正器"效果可对素材的阴影、中间调和高光进行调整,其应用前后的效果对比如图6-37所示。

图6-37 应用前后的效果对比

图6-37 应用前后的效果对比（续）

为素材添加"三向颜色校正器"效果后，可在"效果控件"面板中对该效果的相关参数进行调整，如图6-38所示。

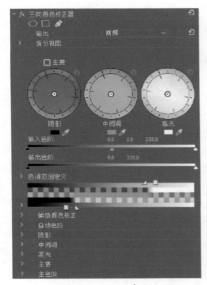

图6-38 效果参数

选项介绍如下。

- 输出：包含"视频"输出和"亮度"输出两种类型。
- 拆分视图：可在该参数下设置视图的校正情况。
- 色调范围定义：拖动滑块可调节阴影、高光和中间调的色调范围阈值。
- 饱和度：用来调整素材文件的饱和度。
- 辅助颜色校正：可对颜色进行进一步的精确调整。
- 自动色阶：用来调整素材文件的阴影高光。
- 阴影：针对画面中的阴影部分进行调整，其

中包含"阴影色相角度""阴影平衡数量级""阴影平衡增益""阴影平衡角度"。

- 中间调：调整素材的中间调颜色，其中包含"中间调色相角度""中间调平衡数量级""中间调平衡增益""中间调平衡角度"。
- 高光：调整素材文件的高光部分，其中包含"高光色相角度""高光平衡数量级""高光平衡增益""高光平衡角度"。
- 主要：调整画面整体的色调偏向，其中包含"主色相角度""主平衡数量级""主平衡增益""主平衡角度"。
- 主色阶：调整画面中的黑白灰色阶，其中包含"主输入黑色阶""主输入灰色阶""主输入白色阶""主输出黑色阶""主输出白色阶"。

6.4.4 亮度曲线

"亮度曲线"效果可以通过调整亮度值的曲线来调节图像的亮度值，其应用前后的效果对比如图6-39所示。

图6-39 应用前后的效果对比

为素材添加"亮度曲线"效果后，可在

"效果控件"面板中对该效果的相关参数进行调整,如图6-40所示。

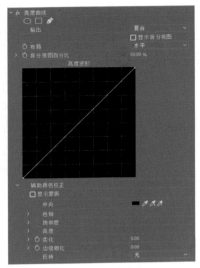

图6-40 效果参数

选项介绍如下。

- 输出: 输出素材文件后,可查看其最终效果,它包含"复合"和"亮度"两种方式。
- 显示拆分视图: 勾选该复选框后,可显示素材文件调整前后的对比效果。
- 布局: 包含"水平"和"垂直"两种布局方式。
- 拆分视图百分比: 用来调整视图的大小。

6.4.5 亮度校正器

"亮度校正器"效果可调整画面的亮度、对比度和灰度值,其应用前后的效果对比如图6-41所示。

图6-41 应用前后的效果对比

图6-41 应用前后的效果对比(续)

为素材添加"亮度校正器"效果后,可在"效果控件"面板中对该效果的相关参数进行调整,如图6-42所示。

图6-42 效果参数

选项介绍如下。

- 输出: 包含了"复合""亮度""色调范围"这3种类型。
- 布局: 包含了"垂直"和"水平"这两种布局方式。
- 拆分视图百分比: 用于校正画面中视图的大小。
- 色调范围: 包含了"主""阴影""中间调""高光"这4种类型。
- 亮度: 可控制画面的明暗程度和不透明度。
- 对比度: 调整 Alpha 通道中的明暗对比度。
- 对比度级别: 设置素材文件的原始对比值。
- 灰度系数: 调节图像中的灰度值。
- 基值: 画面会根据参数的调节变暗或变亮。
- 增益: 调整素材文件的亮度,从而调整画面整体效果; 在画面中,较亮的像素受到的影响会大于较暗的像素受到的影响。

6.4.6 快速模糊

"快速模糊"效果可调整素材画面的模糊程度，其应用前后的效果对比如图6-43所示。

图6-43 应用前后的效果对比

为素材添加"快速模糊"效果后，可在"效果控件"面板中对该效果的相关参数进行调整，如图6-44所示。

图6-44 效果参数

选项介绍如下。

● 模糊度：调整数值可更改画面的模糊程度。

● 模糊维度：可调整模糊的方向，其中包含"水平和垂直""水平""垂直"这3个选项。

● 重复边缘像素：勾选该复选框后，图像的边缘将保持清晰。

6.4.7 快速颜色校正器

"快速颜色校正器"效果可使用色相、饱和度来调整素材文件的颜色，其应用前后的效果对比如图6-45所示。

图6-45 应用前后的效果对比

为素材添加"快速颜色校正器"效果后，可在"效果控件"面板中对该效果的相关参数进行调整，如图6-46所示。

图6-46 效果参数

选项介绍如下。

- 输出：包含"合成"和"亮度"两种输出方式。
- 布局：包括"水平"和"垂直"两种布局类型。
- 拆分视图百分比：可调整和校正视图的大小，默认值为50%。
- 色相平衡和角度：可手动调整色盘，以便更快捷地针对画面进行调色。
- 色相角度：控制高光、中间调或阴影区域的色相。
- 饱和度：用来调整素材文件的饱和度。
- 输入黑色阶/灰色阶/白色阶：用来调整高光、中间调或阴影的数量。

6.4.8 自动对比度

"自动对比度"效果可自动调整素材的对比度，其应用前后的效果对比如图6-47所示。

图6-47 应用前后的效果对比

为素材添加"自动对比度"效果后，可在"效果控件"面板中对该效果的相关参数进行调整，如图6-48所示。

图6-48 效果参数

选项介绍如下。

- 瞬时平滑（秒）：控制素材文件的平滑程度。
- 场景检测：根据"瞬时平滑"参数自动进行对比度检测处理。
- 减少黑色像素：控制暗部像素在画面中占的百分比。
- 减少白色像素：控制亮部像素在画面中占的百分比。
- 与原始图像混合：控制素材间的混合程度。

6.4.9 自动色阶

"自动色阶"效果可以自动对素材进行色阶调整，其应用前后的效果对比如图6-49所示。

图6-49 应用前后的效果对比

为素材添加"自动色阶"效果后，可在"效果控件"面板中对该效果的相关参数进行调整，如图6-50所示。

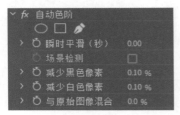

图6-50 效果参数

选项介绍如下。

● 瞬时平滑（秒）：控制素材文件的平滑程度。
● 场景检测：根据"瞬时平滑"参数自动进行色阶检测处理。
● 减少黑色像素：控制暗部像素在画面中占的百分比。
● 减少白色像素：控制亮部像素在画面中占的百分比。
● 与原始图像混合：控制素材间的混合程度。

6.4.10 自动颜色

"自动颜色"效果可以对素材的颜色进行自动调节，其应用前后的效果对比如图6-51所示。

图6-51 应用前后的效果对比

为素材添加"自动颜色"效果后，可在"效果控件"面板中对该效果的相关参数进行调整，如图6-52所示。

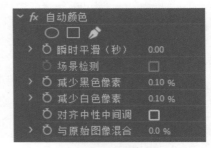

图6-52 效果参数

选项介绍如下。

● 瞬时平滑（秒）：控制素材文件的平滑程度。
● 场景检测：根据"瞬时平滑"参数自动进行颜色检测处理。
● 减少黑色像素：控制暗部像素在画面中占的百分比。
● 减少白色像素：控制亮部像素在画面中占的百分比。
● 对齐中性中间调：勾选该复选框后，Premiere Pro 2020 将自动寻找图像中接近中间亮度的像素作为中间色，从而有效调整图像色偏。
● 与原始图像混合：控制素材间的混合程度。

6.4.11 视频限幅器（旧版）

"视频限幅器（旧版）"效果可以对画面中素材的颜色值进行限幅调整。为素材添加"视频限幅器（旧版）"效果后，可在"效果控件"面板中对该效果的相关参数进行调整，如图6-53所示。

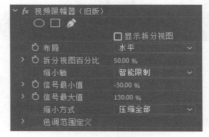

图6-53 效果参数

选项介绍如下。

- 显示拆分视图: 勾选该复选框后, 可开启剪切视图模式, 从而制作动画效果。
- 布局: 可选择"水平"和"垂直"两种布局方式。
- 拆分视图百分比: 可调整视图的大小。
- 信号最小值: 在画面中调整暗部区域的接收信号情况。
- 信号最大值: 在画面中调整亮部区域的接收信号情况; 数值越小画面灰度越高。
- 色调范围定义: 可针对阴影或高光的阈值和柔和度进行设置。

6.4.12 "阴影/高光"效果 🔴重点

"阴影/高光"效果可以调整素材的阴影和高光部分, 其应用前后的效果对比如图6-54所示。

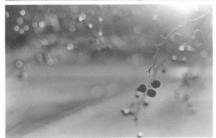

图6-54 应用前后的效果对比

为素材添加"阴影/高光"效果后, 可在"效果控件"面板中对该效果的相关参数进行调整, 如图6-55所示。

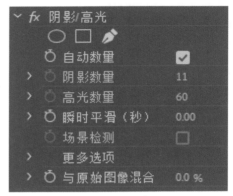

图6-55 效果参数

选项介绍如下。

- 自动数量: 勾选该复选框后, 会自动调整素材文件的阴影和高光部分, 此时该效果中的其他参数将不能使用。
- 阴影数量: 控制素材文件中阴影的数量。
- 高光数量: 控制素材文件中高光的数量。
- 瞬时平滑（秒）: 在调节时设置素材文件时间滤波的秒数。
- 场景检测: 勾选复选框后, 可进行场景检测。
- 更多选项: 可以对素材文件的阴影、高光、中间调等参数进行调整。
- 与原始图像混合: 控制素材间的混合程度。

6.5 "颜色校正"效果

"颜色校正"类效果可对素材的颜色进行细致校正, 其中包含了"亮度与对比度""保留颜色""更改颜色""视频限制器""通道混合器""颜色平衡"等12种效果, 如图6-56所示。

图6-56 "颜色校正"类效果

6.5.1 ASC CDL

"ASC CDL"效果可对素材文件进行红、绿、蓝3种色相及饱和度的调整。为素材添加"ASC CDL"效果后，可在"效果控件"面板中对该效果的相关参数进行调整，如图6-57所示。

fx	ASC CDL	
○ □ ✐		
> ♡ 红色斜率	1.000000
> ♡ 红色偏移	0.000000
> ♡ 红色功率	1.000000
> ♡ 绿色斜率	1.000000
> ♡ 绿色偏移	0.000000
> ♡ 绿色功率	1.000000
> ♡ 蓝色斜率	1.000000
> ♡ 蓝色偏移	0.000000
> ♡ 蓝色功率	1.000000
> ♡ 饱和度	1.000000

图6-57 效果参数

选项介绍如下。

- 红色斜率：调整素材文件中红色数量的斜率值。
- 红色偏移：调整素材文件中红色数量的偏移程度。
- 红色功率：调整素材文件中红色数量的功率大小。
- 绿色斜率：调整素材文件中绿色数量的斜

率值。
- 绿色偏移：调整素材文件中绿色数量的偏移程度。
- 绿色功率：调整素材文件中绿色数量的功率大小。
- 蓝色斜率：调整素材文件中蓝色数量的斜率值。
- 蓝色偏移：调整素材文件中蓝色数量的偏移程度。
- 蓝色功率：调整素材文件中蓝色数量的功率大小。
- 饱和度：调整素材文件的饱和度。

6.5.2 Lumetri颜色

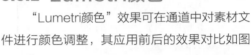

"Lumetri颜色"效果可在通道中对素材文件进行颜色调整，其应用前后的效果对比如图6-58所示。

图6-58 应用前后的效果对比

为素材添加"Lumetri颜色"效果后，可在"效果控件"面板中对该效果的相关参数进行调整，如图6-59所示。

图6-59 效果参数

选项介绍如下。

- 高动态范围：勾选该复选框后，可针对"Lumetri 颜色"效果的 HDR 模式进行调整。
- 基本校正：可调整素材文件的色温、对比度、曝光程度等，其中包含"白平衡""色调""饱和度"等参数可供调节。
- 创意：勾选该选项下的"现用"复选框后可启用该效果。
- 曲线：包含了"现用""RGB 曲线""色相饱和度曲线"等效果参数。
- 色轮：勾选"色轮和匹配"选项下的"现用"复选框后可启用该效果。
- HSL 辅助：对素材文件中颜色的调整具有辅助作用，其中包含"键""色温""色彩""对比度""锐化""饱和度"等参数。
- 晕影：对素材文件中颜色"数量""中点""圆度""羽化"的调节。

6.5.3 亮度与对比度

"亮度与对比度"效果可以调整素材的亮度和对比度参数，其应用前后的效果对比如图6-60所示。

图6-60 应用前后的效果对比

图6-60 应用前后的效果对比（续）

为素材添加"亮度与对比度"效果后，可在"效果控件"面板中对该效果的相关参数进行调整，如图6-61所示。

图6-61 效果参数

选项介绍如下。

- 亮度：调节画面的明暗程度。
- 对比度：调节画面中颜色的对比度。

6.5.4 保留颜色

"保留颜色"效果可以选择一种需要保留的颜色，并将其他颜色的饱和度降低，其应用前后的效果对比如图6-62所示。

图6-62 应用前后的效果对比

图6-62 应用前后的效果对比（续）

为素材添加"保留颜色"效果后，可在"效果控件"面板中对该效果的相关参数进行调整，如图6-63所示。

图6-64 应用前后的效果对比（续）

为素材添加"均衡"效果后，可在"效果控件"面板中对该效果的相关参数进行调整，如图6-65所示。

图6-65 效果参数

选项介绍如下。

- 均衡：设置画面中均衡的类型，右侧下拉列表框中包含了"RGB""亮度""Photoshop样式"选项。
- 均衡量：设置画面的曝光补偿程度。

6.5.6 更改为颜色

"更改为颜色"效果可将画面中的一种颜色变为另外一种颜色，其应用前后的效果对比如图6-66所示。

图6-66 应用前后的效果对比

图6-63 效果参数

选项介绍如下。

- 脱色量：设置色彩的脱色强度，数值越大饱和度越低。
- 要保留的颜色：选择素材中需要保留的颜色。
- 容差：设置画面中颜色的差值。
- 边缘柔和度：设置素材文件的边缘柔和程度。
- 匹配颜色：设置颜色的匹配情况。

6.5.5 均衡

"均衡"效果可通过RGB、亮度、Photoshop样式来自动调整素材的颜色，其应用前后的效果对比如图6-64所示。

图6-64 应用前后的效果对比

图6-66 应用前后的效果对比（续）

为素材添加"更改为颜色"效果后，可在"效果控件"面板中对该效果的相关参数进行调整，如图6-67所示。

图6-67 效果参数

选项介绍如下。

- 自：从画面中选择一种目标颜色。
- 至：设置目标颜色所要替换的颜色。
- 更改：可设置更改的方式，右侧下拉列表框中可选择"色相""色相和亮度""色相和饱和度""色相、亮度和饱和度"选项。
- 更改方式：设置颜色的变换方式，右侧下拉列表框中包含了"设置为颜色"和"变换为颜色"选项。
- 容差：可设置"色相""亮度""饱和度"的数值。
- 柔和度：控制颜色替换后的柔和程度。
- 查看校正遮罩：勾选该复选框后，会以黑白颜色显示"自"和"至"的遮罩效果。

练习6-3 更换图像颜色

难度：☆☆

资源文件：第6章\练习6-3

在线视频：第6章\练习6-3更换图像颜色.mp4

下面将为素材添加"更改为颜色"和"RGB曲线"效果，从而对图像的颜色进行替换。

01 启动 Premiere Pro 2020，在菜单栏中执行"文件"→"打开项目"命令，将素材文件夹中的"更换图像颜色.prproj"文件打开。

02 在"效果"面板中选中"更改为颜色"效果，将其添加至"时间轴"面板中的"花.jpg"素材上，如图6-68所示。

图6-68 添加效果

03 选中"花.jpg"素材，在"效果控件"面板中展开"更改为颜色"效果，设置"自"为"#E6B4D7"、"至"为"#98ABCD"、"色相"为20%、"柔和度"为20%，如图6-69所示。操作完成后，得到的图像效果如图6-70所示。

图6-69 调整参数

图6-70 预览效果

04 在"效果"面板中选中"RGB 曲线"效果，将其添加至"时间轴"面板中的"花.jpg"素材上，如图 6-71 所示。

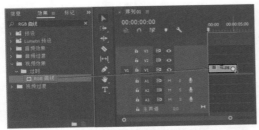

图6-71 添加效果

05 选中"花.jpg"素材，在"效果控件"面板中展开"RGB 曲线"效果，在"主要"和"红色"曲线上单击添加一个控制点并进行拖动，增加画面的亮度并降低红色数量，如图 6-72 所示。

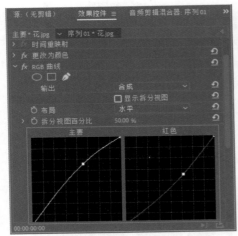

图6-72 调整参数

06 在"节目"监视器面板中预览最终效果。图像调整前后的效果对比如图 6-73 所示。

图6-73 调整前后的效果对比

图6-73 调整前后的效果对比（续）

6.5.7 更改颜色

"更改颜色"效果与"更改为颜色"效果相似，均可对对象的颜色进行更改替换，其应用前后的效果对比如图6-74所示。

图6-74 应用前后的效果对比

为素材添加"更改颜色"效果后，可在"效果控件"面板中对该效果的相关参数进行调整，如图6-75所示。

图6-75 效果参数

选项介绍如下。

- 视图：设置校正颜色的类型。
- 色相变换：针对素材的色相进行调整。
- 亮度变换：针对素材的亮度进行调整。
- 饱和度变换：针对素材的饱和度进行调整。
- 匹配容差：设置颜色与颜色之间的差值范围。
- 匹配柔和度：设置所更改颜色的柔和程度。
- 匹配颜色：设置颜色的匹配情况。
- 反转颜色校正蒙版：勾选该复选框后，可反转颜色校正蒙版。

6.5.8 色彩

"色彩"效果可以通过更改颜色对图像进行颜色的变换处理。为素材添加"色彩"效果后，可在"效果控件"面板中对该效果的相关参数进行调整，如图6-76所示。

图6-76 效果参数

选项介绍如下。

- 将黑色映射到：可以将画面中深色的颜色变为该颜色。
- 将白色映射到：可以将画面中浅色的颜色变为该颜色。
- 着色量：用来设置上述两种颜色在画面中的浓度。

6.5.9 视频限制器

"视频限制器"效果是一种GPU加速效果，可针对广播规范压缩明亮度和色度信号，将视频信号限制在合法范围内。为素材添加"视频限制器"效果后，可在"效果控件"面板中对该效果的相关参数进行调整，如图6-77所示。

图6-77 效果参数

选项介绍如下。

- 剪辑层级：可在右侧下拉列表框中选择不同的 IRE 等级。
- 剪切前压缩：用来设置剪切前压缩的程度。
- 色域警告：勾选该复选框，可开启色域警告。
- 色域警告颜色：用来设置色域警告的颜色。

6.5.10 通道混合器

"通道混合器"效果常用于修改画面中的颜色，将图像不同颜色的通道进行混合，来达到调整颜色的目的，其应用前后的效果对比如图6-78所示。

图6-78 应用前后的效果对比

为素材添加"通道混合器"效果后,可在"效果控件"面板中对该效果的相关参数进行调整,如图6-79所示。

图6-79 效果参数

选项介绍如下。

- 红色-红色、绿色-绿色、蓝色-蓝色:分别可以调整画面中红、绿、蓝通道的颜色数量。
- 红色-绿色、红色-蓝色:调整在红色通道中绿色、蓝色所占的比例,以此类推。
- 绿色-红色、绿色-蓝色:调整在绿色通道中红色、蓝色所占的比例,以此类推。
- 蓝色-红色、蓝色-绿色:调整在蓝色通道中红色、绿色所占的比例,以此类推。
- 单色:勾选该复选框后,素材文件将变为黑白效果。

6.5.11 颜色平衡

"颜色平衡"效果可以调整素材中阴影红绿蓝、中间调红绿蓝和高光红绿蓝所占的比例,其应用前后的效果对比如图6-80所示。

图6-80 应用前后的效果对比

图6-80 应用前后的效果对比(续)

为素材添加"颜色平衡"效果后,可在"效果控件"面板中对该效果的相关参数进行调整,如图6-81所示。

图6-81 效果参数

选项介绍如下。

- 阴影红色平衡、阴影绿色平衡、阴影蓝色平衡:调整素材中阴影部分的红、绿、蓝颜色平衡情况。
- 中间调红色平衡、中间调绿色平衡、中间调蓝色平衡:调整素材中间调部分的红、绿、蓝颜色平衡情况。
- 高光红色平衡、高光绿色平衡、高光蓝色平衡:调整素材中高光部分的红、绿、蓝颜色平衡情况。

6.5.12 颜色平衡(HLS)

"颜色平衡(HLS)"效果可通过色相、亮度和饱和度等参数来调节画面色调,其应用前后的效果对比如图6-82所示。

图6-82 应用前后的效果对比

为素材添加"颜色平衡（HLS）"效果后，可在"效果控件"面板中对该效果的相关参数进行调整，如图6-83所示。

> *fx* 颜色平衡 (HLS)
> ○ □ ✐
> > ⏱ 色相　　　　　　0.0
> > ⏱ 亮度　　　　　　0.0
> > ⏱ 饱和度　　　　　0.0

图6-83 效果参数

选项介绍如下。

- 色相：调整素材的颜色偏向。
- 亮度：调整素材的明亮程度，数值越大画面越亮。
- 饱和度：调整素材的饱和度，数值为-100时为黑白效果。

6.6 知识总结

本章介绍了视频颜色校正与调整的基础知识，以及Premiere Pro 2020中的"图像控制"类效果、"过时"类效果和"颜色校正"类效果的具体应用。熟悉并掌握Premiere Pro 2020中各类调色效果的具体应用，可以帮助读者在日后进行视频处理工作时，轻松实现作品风格的多样性。

6.7 拓展训练

本节安排了两个拓展训练，以帮助读者巩固本章所学内容。

训练6-1 冬日雪景校色

难度：☆☆☆
资源文件：第6章\训练6-1
在线视频：第6章\训练6-1冬日雪景校色.mp4

◆分析

为素材添加"阴影/高光""颜色平衡（RGB）"和"镜头光晕"效果，并进行相应的参数调整，可对普通雪景图像进行颜色调整。本训练的最终完成效果如图6-84所示。

图6-84 最终效果

◆知识点

1.为对象应用"阴影/高光"效果
2.为对象应用"颜色平衡（RGB）"效果
3.为对象应用"镜头光晕"效果

训练6-2 蓝色天空校色

难度：☆☆
资源文件：第6章\训练6-2
在线视频：第6章\训练6-2蓝色天空校色.mp4

◆分析

为素材添加"RGB曲线"效果，并调整相应参数，来校正素材画面中的蓝色天空，使原本暗淡的天空更加透亮。本训练的最终完成效果如图6-85所示。

图6-85 最终效果

◆知识点

1.视频颜色校正的基本操作
2."RGB曲线"效果的具体应用

第 7 章

创建字幕与图形

字幕是影视编辑处理软件中的一项基本功能。添加字幕，不仅可以帮助影片更全面地展现相关信息外，还可以起到美化画面、表现创意的作用。Premiere Pro 2020为用户提供了丰富、实用的字幕创建及编辑功能，可以帮助用户轻松完成各类型字幕的制作。

教学目标

掌握字幕的创建方法 | 掌握"字幕"对话框中工具箱和各面板的使用
掌握图形元素的创建与编辑

字幕的基本操作

在学习使用Premiere Pro 2020制作复杂字幕元素前，本节先带领各位读者熟悉字幕的一些基本操作，包括如何在Premiere Pro 2020中创建和添加字幕，了解并掌握"字幕"对话框的基本组成。

7.1.1 如何创建字幕

在Premiere Pro 2020中，用户可以通过创建字幕，来制作需要添加到影片画面中的文字信息。下面具体介绍在Premiere Pro 2020中创建字幕的两个基本操作。

1. 使用工具按钮创建字幕

在工具箱中单击"文字工具"按钮Ｔ，然后在"节目"监视器面板中单击并输入文本，即可在画面中快速创建字幕，如图7-1所示，这种操作方式既简单又便捷。

图7-1 单击并输入文本

在默认状态下，创建的字幕的字体颜色为白色。若要对文字的颜色等属性进行更改，则可选中轨道上的字幕素材，在"效果控件"面板中展开"文本"选项，在其中对文字的各项参数进行调整，如图7-2所示。

图7-2 对文字参数进行调整

此外，用户还可以执行"窗口"→"基本图形"命令，如图7-3所示，打开"基本图形"面板，在"编辑"选项卡中对文字的参数及属性进行设置，如图7-4所示。

图7-3 执行"基本图形"命令

图7-4 文字调整参数

2. 执行"旧版标题"命令创建字幕

执行"文件"→"新建"→"旧版标题"命令，如图7-5所示，弹出图7-6所示的"新建字幕"对话框，在其中可设置字幕名称、像素长宽比和时基等参数。操作完成后，单击"确定"按钮，即可打开"字幕"对话框进行进一步的字幕编辑处理。

图7-5 执行"旧版标题"命令

图7-6 "新建字幕"对话框

技巧

执行"旧版标题"命令创建字幕的同时，可以在标题设计器中使用"钢笔工具"或"形状工具"绘制形状，这种创建方式更加符合Premiere Pro老用户的使用习惯。

7.1.2 添加字幕 （重点）

在Premiere Pro 2020中添加字幕的方法与添加其他素材的方法基本相同。这里以执行"旧版标题"命令创建字幕的方式为例进行讲解。在"字幕"对话框中完成字幕的编辑处理后，关闭"字幕"对话框，字幕素材将自动添加至"项目"面板中。接下来，用户只需要像添加图像或视频素材一样，将字幕素材拖至"时间轴"面板中的相应轨道上即可，如图7-7所示。

图7-7 添加字幕素材

技巧

若用户想对创建的字幕素材进行参数调整，则可随时双击位于"项目"面板中或位于"时间轴"面板中的字幕素材，打开"字幕"对话框进行文字参数的修改。

练习7-1 创建简单字幕

难度：☆

资源文件：第7章\练习7-1

在线视频：第7章\练习7-1创建简单字幕.mp4

下面将针对执行"旧版标题"命令创建字幕的方法进行讲解。该方法不仅可以创建文字，还可以创建各种图形、线段，这在之后的章节中将进行具体讲解。

01 启动 Premiere Pro 2020，在菜单栏中执行"文件"→"打开项目"命令，将素材文件夹中的"创建简单字幕 .prproj"文件打开。

02 进入工作界面后，将"项目"面板中的"小狗 .jpg"素材拖入"时间轴"面板中，操作完成后将生成与素材大小相匹配的序列，如图7-8所示。

图7-8 添加素材并生成序列

03 执行"文件"→"新建"→"旧版标题"字幕命令，弹出"新建字幕"对话框，如图7-9所示。可在该对话框中自定义字幕的名称等参数，这里保持默认设置，单击"确定"按钮。

图7-9 "新建字幕"对话框

04 打开"字幕"对话框，在对话框左侧的工具箱中单击"文字工具"按钮 **T**，然后在工作区域中单击输入文字，并在右侧的"旧版标题属性"面板中设置字体、颜色等参数，然后调整字幕至合适位置，如图 7-10 所示。

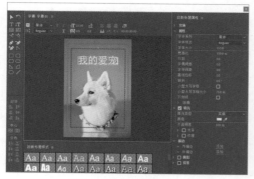

图7-10 设置文字参数

05 单击面板右上角的"关闭"按钮，返回工作界面。此时在"项目"面板中已生成了相应的字幕素材，将该素材添加至"时间轴"面板的 V2 视频轨道中，如图 7-11 所示。

图7-11 添加字幕素材

06 字幕的创建和添加工作完成。添加字幕前后的画面效果如图 7-12 所示。

图7-12 添加字幕前后的效果对比

7.1.3 认识"字幕"对话框 （重点）

"字幕"对话框，也可以称为"标题设计器"，它为在Premiere Pro 2020中创建用于视频字幕的文字和图形提供了一种简单且有效的方法。"字幕"对话框如图7-13所示，其中工作区域是指文字及图形的显示界面，其上方为"字幕"面板，左侧为工具箱和字幕动作栏，右侧为"旧版标题属性"面板，下方为"旧版标题样式"面板。

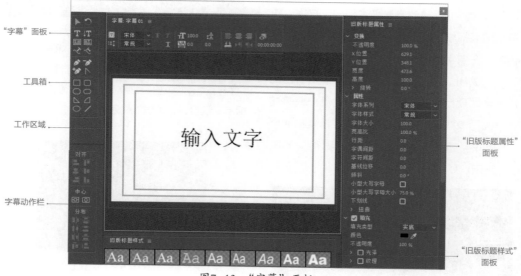

图7-13 "字幕"面板

1. 字幕面板

在"字幕"对话框中，可基于当前字幕新建字幕、设置滚动字幕、字体大小和对齐方式等。字幕面板在默认情况下位于工作区域的上方，如图7-14所示。

图7-14　字幕栏

选项介绍如下。

- 字幕:字幕01 ≡ 字幕列表:可单击≡按钮，在弹出的面板菜单中对字幕进行切换编辑。
- 基于当前字幕新建字幕:在当前字幕的基础上创建一个新的字幕。
- 滚动/游动选项:单击该按钮可打开"滚动/游动选项"对话框，如图7-15所示，在其中可设置字幕的类型、滚动方向和定时（帧）等参数。
- 宋体 ∨ 字体:设置字体系列。
- 常规 ∨ 字体类型:设置字体的样式。
- 字体大小:设置文字字号的大小。
- 字偶间距:设置文字之间的间距。
- 行距:设置每行文字之间的间距。
- 左对齐、居中对齐、右对齐:设置文字的对齐方式。
- 显示背景视频:单击该按钮可显示或隐藏背景图像。

图7-15　"滚动/游动选项"对话框

"滚动/游动选项"对话框中的各选项介绍如下。

- 静止图像:字幕不产生运动效果。
- 滚动:设置字幕沿垂直方向滚动。勾选"开始于屏幕外"和"结束于屏幕外"复选框，字幕将从下向上滚动。
- 向左游动:字幕沿水平方向向左滚动。
- 向右游动:字幕沿水平方向向右滚动。
- 开始于屏幕外:勾选该复选框，字幕从屏幕外开始进入工作区域。
- 结束于屏幕外:勾选该复选框，字幕从工作区域中滚动到屏幕外结束。
- 预卷:设置字幕滚动的开始帧数。
- 缓入:方框中的数值表示字幕开始运动后，多少帧内的运动速度是由慢到快的。
- 缓出:方框中的数值表示字幕结束运动前，多少帧内的运动速度是由快到慢的。
- 过卷:设置字幕滚动的结束帧数。

2. 工具箱

工具箱中包括选择文字、制作文字、编辑文字和绘制图形的基本工具。在默认情况下，工具箱在工作区域的左侧，如图7-16所示。

图7-16　工具箱

工具介绍如下。

- 选择工具:用于在工作区域中选择、移动、缩放对象，配合 Shift 键，可以同时选择多个对象。
- 旋转工具:用于对文本或图形对象进行旋转操作，如图 7-17 所示。

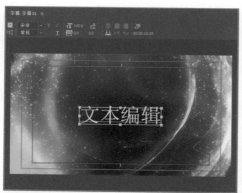

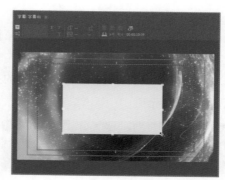

图7-18 绘制矩形

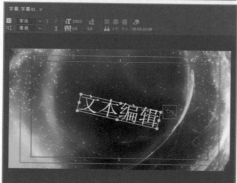

图7-17 旋转文本对象

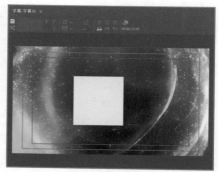

图7-19 绘制正方形

- **T文字工具**：用于输入水平方向的文字。
- **垂直文字工具**：用于输入垂直方向的文字。
- **区域文字工具**：用于输入水平方向的多行文本。
- **垂直区域文字工具**：用于输入垂直方向的多行文本。
- **路径文字工具**：使用该工具可以创建出沿路径弯曲且平行于路径的文本。
- **垂直路径文字工具**：使用该工具可以创建出沿路径弯曲且垂直于路径的文本。
- **钢笔工具**：用于绘制和调整路径曲线。
- **添加锚点工具**：用于在所选曲线路径或文本路径上增加锚点。
- **删除锚点工具**：用于删除曲线路径和文本路径上的锚点。
- **转换锚点工具**：使用该工具单击路径上的锚点，可以对锚点进行调整。
- **矩形工具**：用于在工作区域中绘制矩形，如图 7-18 所示；按住 Shift 键的同时拖动鼠标，可以绘制正方形，如图 7-19 所示。

- **圆角矩形工具**：用于在工作区域中绘制圆角矩形，使用方法与矩形工具一致。
- **切角矩形工具**：用于在工作区域中绘制切角矩形。
- **圆角矩形工具**：用于在工作区域中绘制边角为圆形的矩形。
- **楔形工具**：用于在工作区域中绘制三角形。
- **弧形工具**：用于在工作区域中绘制弧形。
- **椭圆形工具**：用于在工作区域中绘制椭圆形。
- **直线工具**：用于在工作区域中绘制直线线段。

技巧

在绘制图形时，如果按住 Shift 键，可以保持图形的长宽比一定；按住 Alt 键，可以从图形的中心位置绘制图形。另外，在使用"钢笔工具"绘制图形时，路径上的控制点越多，图形的形状会越精细，但过多的控制点不利于后期修改，因此建议在不影响效果的情况下，尽可能减少控制点。

3. 字幕动作栏

在字幕动作栏中可对多个字幕或形状进行对齐与分布设置。字幕动作栏在默认情况下位于工具箱下方，如图7-20所示。

图7-20 字幕动作栏

各功能按钮介绍如下。

在"对齐"组中可以对选中的多个对象进行对齐调整。

- 水平靠左：使所选对象在水平方向上靠左边对齐。
- 垂直靠上：使所选对象在垂直方向上靠顶部对齐。
- 水平居中：使所选对象在水平方向上居中对齐。
- 垂直居中：使所选对象在垂直方向上居中对齐。
- 水平靠右：使所选对象在水平方向上靠右边对齐。
- 垂直靠下：使所选对象在垂直方向上靠底部对齐。

在"中心"组中可以调整对象的位置。

- 垂直居中：移动对象使其垂直居中。
- 水平居中：移动对象使其水平居中。

在"分布"组中可以设置选中的对象按一定的方式进行分布。

- 水平靠左：对多个对象进行水平方向上的左对齐分布，并且每个对象左边缘之间的间距相同。
- 垂直靠上：对多个对象进行垂直方向上的

顶部对齐分布，并且每个对象上边缘之间的间距相同。

- 水平居中：对多个对象进行水平方向上的居中均匀对齐分布。
- 垂直居中：对多个对象进行垂直方向上的居中均匀对齐分布。
- 水平靠右：对多个对象进行水平方向上的右对齐分布，并且每个对象右边缘之间的间距相同。
- 垂直靠下：对多个对象进行垂直方向上的底部对齐分布，并且每个对象下边缘之间的间距相同。
- 水平等距间隔：对多个对象进行水平方向上的均匀分布对齐。
- 垂直等距间隔：对多个对象进行垂直方向上的均匀分布对齐。

练习7-2 制作滚动字幕 ●难点

难度：☆☆

资源文件：第7章\练习7-2

在线视频：第7章\练习7-2制作滚动字幕.mp4

在一些电视节目播放完毕后，观众经常可以看到片尾中由下至上的滚动字幕，通常用它来展示制作人员、赞助商等信息。

01 启动 Premiere Pro 2020，在菜单栏中执行"文件"→"打开项目"命令，将素材文件夹中的"制作滚动字幕.prproj"文件打开。在"节目"监视器面板中预览当前图像效果，如图 7-21 所示。

图7-21 预览效果

02 执行"文件"→"新建"→"旧版标题"命令，弹出"新建字幕"对话框，设置"名称"为"滚动字幕"，如图 7-22 所示，完成后单击"确定"按钮。

图7-22 "新建字幕"对话框

03 打开"字幕"对话框,在对话框左侧的工具箱中单击"文字工具"按钮 T,然后在工作区域单击输入文字,并在右侧的"旧版标题属性"面板中设置字体、颜色等参数,然后调整字幕至合适位置,如图 7-23 所示。

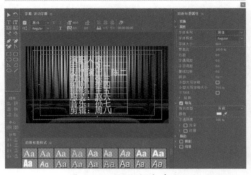

图7-23 设置文字参数

技巧

部分创建的文字不能正常显示,这是由于当前的字体类型不支持该文字的显示,为文字替换合适的字体类型后即可正常显示。

04 单击字幕动作栏中的"居中对齐"按钮 ,使文字居中对齐,如图 7-24 所示。

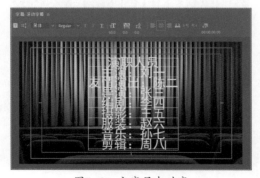

图7-24 文字居中对齐

05 单击"字幕"面板中的"滚动/游动选项"按钮 ,打开"滚动/游动选项"对话框,设置"字幕类型"为"滚动",然后勾选"开始于屏幕外"和"结束于屏幕外"复选框,如图 7-25 所示,操作完成后单击"确定"按钮。

图7-25 设置参数

06 单击对话框右上角的"关闭"按钮,返回工作界面。接着,将"项目"面板中的"滚动字幕"素材添加至"时间轴"面板的 V2 视频轨道中,如图 7-26 所示。

图7-26 添加字幕素材

07 右击"时间轴"面板中的"滚动字幕"素材,在弹出的快捷菜单中执行"速度/持续时间"命令,打开"剪辑速度/持续时间"对话框,设置"持续时间"为 00:00:15:00,如图 7-27 所示,完成后单击"确定"按钮。

图7-27 设置参数

08 在"时间轴"面板中调整"背景 .jpg"素材的长度,使其与上方的字幕素材长度一致,如图 7-28 所示。

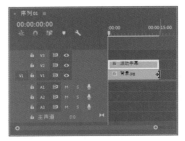

图7-28 调整素材长度

技巧

如果觉得字幕之间过于紧凑，那么可在"字幕"面板中根据需求调整"行距"参数。

09 在"节目"监视器面板中预览最终字幕效果，如图 7-29 所示。

图7-29 预览效果

7.2 调整字幕及图形的外观

在"字幕"面板的"旧版标题属性"面板中，可调整文字或图形的基本外观参数。"旧版标题属性"面板如图7-30所示。

图7-30 "旧版标题属性"面板

7.2.1 变换

"变换"选项主要用于设置字幕的不透明度、位置、高度、宽度和旋转等参数，如图7-31所示。

图7-31 "变换"选项及调整效果

选项介绍如下。

- 不透明度：选中对象后，可对其不透明度进行调整。
- X位置：选中对象后，设置对象在 x 轴上的位置。
- Y位置：与X位置相对，选中对象后，设置对象在 y 轴上的位置。
- 宽度：设置所选对象的水平宽度数值。
- 高度：设置所选对象的垂直高度数值。
- 旋转：设置所选对象的旋转角度数值。

7.2.2 属性

"属性"选项用于"字体系列""字体大小""行距""字偶间距""倾斜"等参数的设置，如图7-32所示。

图7-32 "属性"选项及调整效果

选项介绍如下。

- 字体系列：设置文字的字体。
- 字体样式：设置文字的字体样式。

- 字体大小：设置文字的大小。
- 宽高比：设置文字的高度和宽度的比例。
- 行距：设置文字的行间距或列间距。
- 字偶间距：设置字与字之间的间距。
- 字符间距：在字距设置的基础上进一步设置文字的字距。
- 基线位移：调整文字的基线位置。
- 倾斜：调整文字的倾斜度。
- 小型大写字母：针对小写的英文字母进行调整。
- 小型大写字母大小：针对字母的大小进行调整。
- 下划线：为选择的文字添加下划线。
- 扭曲：将文字进行 x 轴或 y 轴方向的扭曲变形。

7.2.3 填充

在默认情况下，对象的填充颜色为灰色，"填充"选项主要用于文字及形状内部的填充处理，如图7-33所示。

图7-33 "填充"选项及调整效果

选项介绍如下。

- 填充类型：可以设置颜色在文字或图形中的填充类型，其中包括"实底""线性渐变""径向渐变"等7种类型，如图7-34所示。
- 光泽：勾选该复选框后，可以为工作区域中的文字或图案添加光泽效果。
- 颜色：设置添加光泽的颜色。
- 不透明度：设置添加光泽的不透明度。
- 大小：设置添加光泽的高度。
- 角度：对光泽的角度进行设置。
- 偏移：设置光泽在文字或图案上的位置。
- 纹理：为文字添加纹理效果。
- 纹理：单击"纹理"右侧的按钮，即可在弹出的"选择纹理图像"对话框中选择一张图片作为纹理元素进行填充。
- 随对象翻转：勾选该复选框后，填充的图片会随着文字的翻转而翻转。
- 随对象旋转：与"随对象翻转"的用法相同。
- 缩放：选择文字后，在"缩放"选项下调整参数，即可对纹理的大小进行调整。
- 对齐：与"缩放"选项相似，可调整纹理的位置。
- 混合：可进行"填充键"混合和"纹理键"混合。

图7-34 填充类型

填充类型介绍如下。

- 实底：可以为文字或图形对象填充单一的颜色。
- 线性渐变：两种颜色以垂直或水平方向进行的混合性渐变，并可在"填充"选项面板中调整渐变颜色的透明度和角度。
- 径向渐变：两种颜色由中心向四周发生混合渐变。
- 四色渐变：为文字或图形填充4种颜色混合的渐变，并可针对单独的颜色进行"不透明度"设置。
- 斜面：选中文字或图形对象后调节参数，可为对象添加阴影效果。
- 消除：选择"消除"选项后，可删除文字或

图形中的填充内容。
- 重影：去除文字的填充，与"消除"选项相似。

7.2.4 描边

"描边"选项用于文字或形状的描边处理，可分为内部描边和外部描边两种，如图7-35所示。

图7-35 "描边选项"及调整效果

选项介绍如下。

- 内描边：在文字内侧添加描边效果。
- 类型：包括"深度""边缘""凹进"这3种类型。
- 大小：用来设置描边的宽度。
- 外描边：在文字外侧添加描边效果，与"内描边"用法相同。

7.2.5 阴影

"阴影"选项可以为文字及图形对象添加阴影效果，如图7-36所示。

图7-36 "阴影选项"及调整效果

选项介绍如下。

- 颜色：设置阴影的颜色。
- 不透明度：设置阴影的不透明度。
- 角度：设置阴影的角度。
- 距离：设置阴影与文字或图案之间的距离。
- 大小：设置阴影的大小。
- 扩展：设置阴影的模糊程度。

练习7-3 为字幕添加修饰效果

难度：☆☆☆

资源文件：第7章\练习7-3

在线视频：第7章\练习7-3为字幕添加修饰效果.mp4

在"字幕"面板中输入文字后，用户可在"旧版标题属性"面板中为文字添加填充颜色、描边及阴影等修饰效果，使文字更加美观。

01 启动 Premiere Pro 2020，在菜单栏中执行"文件"→"打开项目"命令，将素材文件夹中的"字幕修饰.prproj"文件打开。在"节目"监视器面板中预览当前图像效果，如图7-37所示。

图7-37 预览效果

02 双击"时间轴"面板中的"字幕01"素材，打开"字幕"对话框，在对话框左侧的工具箱中单击"选择工具"按钮▶，然后在工作区域中选中文字，接着在右侧的"旧版标题属性"面板中展开"属性"选项，设置字体为"方正姚体"，如图7-38所示。

03 在工作区域中适当调整文字位置，使其居中显示，如图7-39所示。

图7-38 设置字体

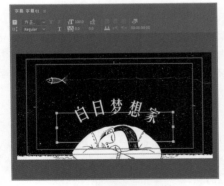

图7-39 适当调整字幕位置

04 在"旧版标题属性"面板中展开"填充"选项，设置"填充类型"为"四色渐变"，并设置相应颜色，如图 7-40 所示。完成上述操作后得到的文字效果如图 7-41 所示。

图7-40 设置参数

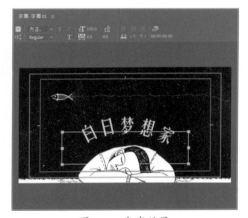

图7-41 文字效果

05 在"旧版标题属性"面板中展开"描边"选项，为字幕添加"外描边"，并设置相关参数，如图 7-42 所示。完成上述操作后得到的文字效果如图 7-43 所示。

图7-42 设置参数

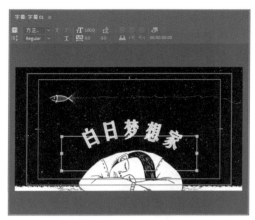

图7-43 文字效果

06 在"旧版标题属性"面板中勾选"阴影"复选框，并对阴影参数进行调整，如图 7-44 所示。

图7-44 设置参数

07 单击对话框右上角的"关闭"按钮，返回工作界面。在"节目"监视器面板中预览最终效果，如图 7-45 所示。

图7-45 预览效果

7.2.6 背景

"背景"选项可对工作区域的背景部分进

行更改处理，如图7-46所示。

图7-46 "背景"选项及调整效果（续）

选项介绍如下。

图7-46 "背景"选项及调整效果

- 填充类型：其中的类型与"填充"选项中的类型相同。
- 颜色：设置背景的填充颜色。
- 不透明度：设置背景填充颜色的不透明度。

7.3 使用字幕样式

虽然设置文字的外观参数非常简单，但有时会发现将字体、大小、样式、字距和行距等合理地组合在一起，是一项比较耗费时间的操作。

7.3.1 认识"旧版标题样式"面板

"旧版标题样式"面板（也可称为"样式库"）位于工作区域的底部，如图7-47所示，用户可以直接选中应用或执行菜单命令应用一个样式中的部分内容，还可以自定义新的字幕样式或导入外部样式文件。字幕样式是将编辑好的字体、填充色、描边及投影等效果组合在一起的预设样式。要为字幕对象应用样式，只需选中字幕对象，再单击样式库中的某个样式，即可为字幕对象添加该样式。

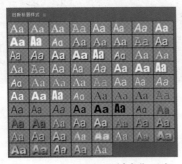

图7-47 "旧版标题样式"面板

练习7-4 为字幕添加样式 重点

难度：☆☆
资源文件：第7章\练习7-3
在线视频：第7章\练习7-3为字幕添加样式.mp4

要为字幕对象应用样式，只需选中相应的字幕，再单击样式库中的某个样式，即可为字幕添加该样式。下面将详细演示添加字幕样式的操作。

01 启动Premiere Pro 2020，在菜单栏中执行"文件"→"打开项目"命令，将素材文件夹中的"为字幕添加样式.prproj"文件打开。

02 执行"文件"→"新建"→"旧版标题"命令，弹出"新建字幕"对话框，保持默认设置，单击"确定"按钮。打开"字幕"对话框，在对话框左侧的工具箱中单击"文字工具"按钮，然后在工作区域单击输入文字"祝您节日快乐"，如图7-48所示。

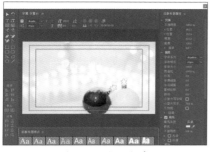

图7-48 输入文字

03 选中文字，在"旧版标题样式"面板中单击图 7-49 所示样式，并应用到文字上。

图7-49 选择字幕样式

04 在"旧版标题属性"面板中展开"属性"选项，设置字体为"楷体"，如图 7-50 所示。

图7-50 设置字体

05 在工作区域中适当调整文字位置，将其居中摆放，如图 7-51 所示。

图7-51 调整文字位置

06 单击对话框右上角的"关闭"按钮，返回工作界面。将"项目"面板中的字幕素材添加至"时间轴"面板的 V2 视频轨道中，完成本例的制作。

7.3.2 管理字幕样式

在"旧版标题样式"面板中包含了很多种样式类型，在样式库的空白区域右击，会弹出图 7-52 所示的快捷菜单，此时可对样式库进行各类操作；若在样式上右击，则会弹出图 7-53 所示的快捷菜单，此时可以对样式进行相应操作。

图7-52 快捷菜单　　图7-53 快捷菜单

选项介绍如下。

- 新建样式：将用户自定义的字幕样式添加到样式库中，以便重复使用。
- 重置样式库：将样式库中的样式恢复为默认的字幕样式库。
- 追加样式库：将保存的字幕样式添加到"字幕样式"面板中。
- 保存样式库：将当前面板中的样式保存为样式库文件。
- 替换样式库：用所选样式库中的样式替换当前的样式。
- 应用样式：选中字幕对象，然后单击字幕样式库中想用的样式，即可为字幕对象应用该样式。
- 应用带字体大小的样式：为对象应用该样式，并应用该样式的字体大小属性。
- 仅应用样式颜色：只为字幕对象应用该样式的颜色属性。
- 复制样式：将选中的样式复制。
- 删除样式：将选中的样式删除。

● 重命名样式：将选中的样式进行重新命名。

单击"旧版标题样式"面板上方的■按钮，弹出图7-54所示的快捷菜单，可以在其中进行"新建样式""应用样式""重置样式库"等操作。

图7-54 快捷菜单

选项介绍如下。

● 关闭面板：执行该命令，可以将"旧版标题样式"面板隐藏。
● 浮动面板：可将"字幕"对话框中的各个模块进行重组拆分调整。
● 新建样式：可在"旧版标题样式"面板中新建样式，并可以在弹出的对话框中设置新建样式的名称，如图7-55所示。

图7-55 "新建样式"对话框

● 应用样式：可对字幕进行样式设置。
● 应用带字体大小的样式：选择字幕对象后，执行该命令可对字幕应用该样式和该样式的字体大小属性。
● 仅应用样式颜色：仅应用该样式的颜色。
● 复制样式：选中某样式后，执行该命令可对样式进行复制。
● 删除样式：选中不需要的样式，执行该命令可将样式删除。
● 重命名样式：对样式进行重命名。
● 重置样式库：执行该命令，样式库将被还原。
● 追加样式库：选中要添加的样式，单击打开即可添加样式种类。
● 保存样式库：对样式库进行保存。
● 替换样式库：打开一个新的样式库并替换原有的样式库。
● 仅文本：执行该命令，样式库中只显示样式的名称。
● 小缩览图、大缩览图：设置样式库中样式图标显示的大小。

7.4 创建图形元素

使用工具箱中的基本绘图工具，可创建简单的对象和形状，如直线、正方形、椭圆形、矩形和多边形等。

7.4.1 绘制基本图形

绘制基本图形的操作非常简单。在"字幕"面板的工具箱中，选择一个绘图工具，这里以"矩形工具"■为例，单击该工具按钮后，将鼠标指针移至工作区域中形状的预期位置，单击并拖动鼠标指针来创建矩形，如图7-56所示。

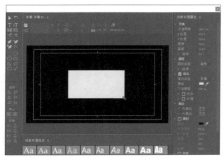

图7-56 创建矩形

要想将绘制的矩形变为另一种形状，可选中绘制好的形状，然后在"旧版标题属性"面板中展开"属性"选项，再展开"图形类型"下拉列表框，从中选择一个图形选项，如图7-57所示。操作完成后，原本绘制的矩形将变为所选的椭圆形，如图7-58所示。

图7-57 "图形类型"下拉列表框

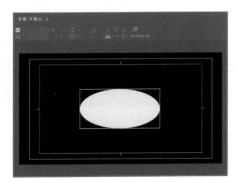

图7-58 矩形变为椭圆形

7.4.2 创建不规则图形

Premiere Pro 2020为用户提供了"钢笔工具" ，该工具是一种绘制曲线的工具。使用该工具可以创建出带有任意弧度和拐角的多边形，这些多边形由锚点、直线和曲线构建而成。

使用"选择工具" 可以移动锚点；使用"添加锚点工具" 和"删除锚点工具" 可以添加或删除锚点，用户使用这些工具可以有效地创建不规则多边形。

练习7-5 绘制直线段

难度：☆
资源文件：第7章\练习7-5
在线视频：第7章\练习7-5绘制直线段.mp4

在"字幕"对话框中选择"钢笔工具" ，通过建立锚点的方法绘制直线段。在绘制直线段时，如果创建了多余的锚点，那么可以使用"删除锚点工具" 来将多余的锚点删除。

01 启动 Premiere Pro 2020，在菜单栏中执行"文件"→"打开项目"命令，将素材文件夹中的"绘制直线段 .prproj"文件打开。在"节目"监视器面板中预览当前图像效果，如图 7-59 所示。

图7-59 预览效果

02 执行"文件"→"新建"→"旧版标题"命令，弹出"新建字幕"对话框，设置"名称"为"直线段"，然后单击"确定"按钮，如图 7-60 所示。

图7-60 "新建字幕"对话框

03 打开"字幕"对话框，在对话框左侧的工具箱中单击"钢笔工具"按钮✒，然后将鼠标指针移至工作区域中，在合适位置单击建立锚点，如图7-61所示。

图7-61 建立锚点

04 在工作区域中，移动鼠标指针至新的位置，按住 Shift 键并单击建立新的锚点，此时会出现一条连接两个锚点的直线，如图7-62所示。

图7-62 创建另一个锚点

05 在工作区域中，移动鼠标指针至新的位置，按住 Shift 键并单击创建新的锚点和连线，如图7-63所示。

图7-63 创建新的锚点和连线

06 用上述方法，指定下一个锚点，连接出新的线段，并逐步完成 4 个锚点的连接，最终得到一个矩形框，如图7-64所示。

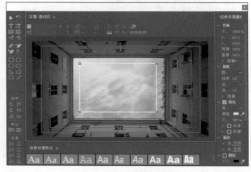

图7-64 得到矩形框

07 使用"选择工具"▶选中矩形框，在"旧版标题属性"面板中设置矩形框的颜色、大小及阴影等参数，如图7-65所示。

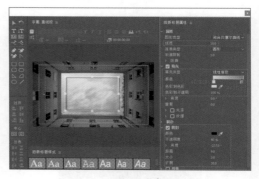

图7-65 设置参数

08 单击对话框右上角的"关闭"按钮，返回工作界面。接着，将"项目"面板中的"直线段"素材添加至"时间轴"面板的 V2 视频轨道中，如图7-66所示。

图7-66 添加素材

09 在"节目"监视器面板中预览最终效果，如图7-67所示。

图7-67 预览效果

练习7-6 将矩形转换为菱形

难度：☆☆
资源文件：第7章\练习7-6
在线视频：第7章练习7-6将矩形转换为菱形.mp4

使用"钢笔工具" 单击并拖动矩形的锚点，可以将矩形修改为菱形。

01 启动 Premiere Pro 2020，在菜单栏中执行"文件"→"打开项目"命令，将素材文件夹中的"将矩形转换为菱形 .prproj"文件打开。在"节目"监视器面板中预览当前图像效果，如图 7-68 所示。

图7-68 预览效果

02 执行"文件"→"新建"→"旧版标题"命令，弹出"新建字幕"对话框，设置"名称"为"图形"，然后单击"确定"按钮，如图 7-69 所示。

图7-69 "新建字幕"对话框

03 打开"字幕"对话框，在对话框左侧的工具箱中单击"矩形工具"按钮▢，移动鼠标指针到工作区域中，单击并拖动鼠标指针绘制一个矩形，如图 7-70 所示。

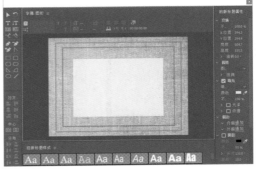

图7-70 绘制矩形

04 选中创建的矩形，在"旧版标题样式"面板中选择一个样式，如图 7-71 所示。应用样式后得到的图形效果如图 7-72 所示。

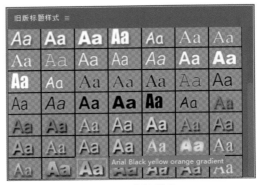

图7-71 选择样式

图7-72 样式效果

05 为了使画面看上去更加完整，可以使用"文字工具"**T**输入一些文字，在输入过程中可以按Enter键换行。输入完成后，为文字应用与矩形相同的样式，效果如图7-73所示。

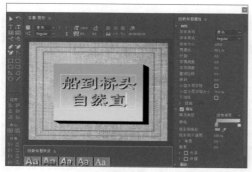

图7-73 添加文字

06 选中矩形，在"旧版标题样式"面板中展开"属性"选项，设置"图形类型"为"填充贝塞尔曲线"。选择"钢笔工具"，此时在矩形的4个角的位置出现4个锚点，如图7-74所示。

07 使用"钢笔工具"单击并拖动这些锚点，使矩形变为菱形。在拖动时可以按住Shift键，以便在水平或垂直方向上移动锚点，完成效果如图7-75所示。

图7-74 出现锚点

图7-75 调整锚点位置

08 单击对话框右上角的"关闭"按钮，返回工作界面，将"项目"面板中的"图形"素材添加至"时间轴"面板的V2视频轨道中即可完成本例的制作。

7.5 知识总结

本章主要介绍了字幕及图形的创建与应用方法。在各种影视作品中，字幕和图形元素是不可缺少的，添加这些元素可以使画面更加丰富，也可以向观众传递更为丰富的情感信息。希望读者能熟练掌握编辑字幕及图形的各项基本技能，在日后创作出更多优秀的影视作品。

7.6 拓展训练

本节安排了两个拓展训练，以帮助读者巩固本章所学内容。

训练7-1 为字幕添加纹理

难度：☆
资源文件：第7章\训练7-1
在线视频：第7章\训练7-1为字幕添加纹理.mp4

◆分析

在设计字幕时，可以为创建的字幕指定纹理。在"字幕"对话框右侧的"旧版标题属性"面板中，有两处可以应用纹理：一处是

"填充"参数栏中的"纹理"选项；另一处是"背景"参数栏中的"纹理"选项。本训练的最终完成效果如图7-76所示。

图7-76 最终效果

◆知识点

1."字幕"对话框的应用
2.为文字对象添加纹理

训练7-2 制作漂浮字幕

难度：☆☆☆
资源文件：第7章\训练7-2
在线视频：第7章\训练7-2制作漂浮字幕.mp4

◆分析

　　用户可以使用"路径文字工具" ◢绘制曲线路径，以使输入的文字按照路径排列。在输入文字后，单击"滚动/游动选项"按钮 ◳，在打开的对话框中设置"字幕类型"为"向右游动"，并勾选"开始于屏幕外"和"结束于屏幕外"复选框。最后将字幕素材添加至"时间轴"面板中，并调整其持续时间，添加"湍流置换"效果，即可完成漂浮字幕的制作。本训练的最终完成效果如图7-77所示。

图7-77 最终效果

◆知识点

1.创建路径文字
2.设置"滚动/游动选项"对话框中的各参数

第 **8** 章

音频处理

一部完整的作品包括了图像和声音这两大部分。声音在影视作品中往往能起到渲染气氛、增强感染力、增强影片的表现力等作用。

教学目标

掌握音频的基本调节方法 ｜ 了解"音频剪辑混合器"的使用方法

8.1 关于音频效果

Premiere Pro 2020具有强大的音频处理能力，通过"音频剪辑混合器"面板，如图8-1所示，可以很方便地编辑和控制声音。Premiere Pro 2020的声道处理能力、实时录音功能，以及音频素材和音频轨道的分离处理概念，使得音效的编辑和处理工作更加轻松便捷。

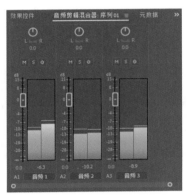

图8-1　"音频剪辑混合器"面板

8.1.1 认识音频轨道

在Premiere Pro 2020的"时间轴"面板中有两种类型的轨道，分别是视频轨道和音频轨道。音频轨道位于视频轨道的下方，如图8-2所示。

图8-2　音频轨道

将视频素材从"项目"面板中拖入"时间轴"面板中后，Premiere Pro 2020会自动将素材中的音频放到相应的音频轨道上。若用户把视频素材放在视频V1轨道上，则素材中的音频会被自动置于音频A1轨道上，如图8-3所示。

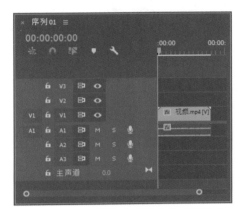

图8-3　音频素材自动放置在音频轨道上

若使用"剃刀工具" 分割素材，则与其相连接的音频也会同时被分割，如图8-4所示。若想单独分割素材中的音频，则可以选中视频素材，执行"剪辑"→"取消链接"命令（组合键Ctrl＋L）；或右击视频素材，在弹出的快捷菜单中执行"取消链接"命令。操作完成后，视音频将断开链接，此时使用"剃刀工具" 可对音频素材进行单独分割操作，如图8-5所示。

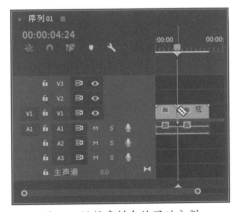

图8-4　链接素材会被同时分割

图8-5 对音频素材进行单独分割

8.1.2 音频效果的处理方式

在"音频剪辑混合器"面板中可以看到音频轨道分为两个声道，即L（左）、R（右）声道。如果音频素材的声音所使用的是单声道，则可以在Premiere Pro 2020中对其声道效果进行改变；如果音频素材使用的是双声道，则可以在两个声道之间实现音频特有的效果。另外，在声音的效果处理上，Premiere Pro 2020还提供了多种处理音频的效果，这些效果跟视频效果一样。用户可以很方便地将这些效果添加到音频素材上，这些效果能转化成帧，方便用户对其进行编辑与设置。

8.1.3 音频效果的处理技巧 🔴重点

在Premiere Pro 2020中处理音频需要依照一定的顺序，如按次序添加音频效果，Premiere Pro 2020会对序列中所应用的音频效果进行最先处理，等这些音频效果处理完了，再对素材的音频增益进行调整。一般来说，读者可以按照以下两种操作方法对素材的音频增益进行调整。

1. 执行菜单命令

在"时间轴"面板中选中素材，执行"剪辑"→"音频选项"→"音频增益"命令，如图8-6所示，然后在弹出的"音频增益"对话框中调整增益值，如图8-7所示。

图8-6 执行命令

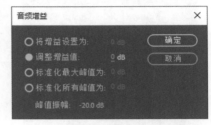

图8-7 "音频增益"对话框

2. 快捷菜单

右击"时间轴"面板中的音频素材，在弹出的快捷菜单中执行"音频增益"命令，如图8-8所示，然后在弹出的"音频增益"对话框中调整增益值，如图8-9所示。

图8-8 执行命令

图8-9 "音频增益"对话框

技巧

"调整增益值"参数数值的范围为 -96～96dB。

难度：☆☆

资源文件：第8章\练习8-1

在线视频：第8章\练习8-1调整音频增益及速度.mp4

下面将演示如何在Premiere Pro 2020中调整音频增益及播放速度。

01 启动 Premiere Pro 2020，按组合键 Ctrl + O 打开素材文件夹中的"调整音频增益 .prproj"项目文件。

02 进入工作界面后，可以看到"时间轴"面板中已经添加好的素材，如图 8-10 所示。在"节目"监视器面板中预览当前素材的画面效果，如图 8-11 所示。

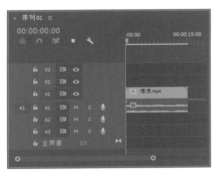

图8-10 轨道中的素材

图8-11 预览效果

03 右击 A1 轨道中的音频素材，在弹出的快捷菜单中执行"速度/持续时间"命令，如图 8-12 所示。

图8-12 执行"速度/持续时间"命令

04 弹出"剪辑速度 / 持续时间"对话框，在其中修改音频的"速度"为 80%，如图 8-13 所示，完成后单击"确定"按钮。

图8-13 设置参数

技巧

在"剪辑速度 / 持续时间"对话框中，还可以设置"持续时间"的数值来精确调整音频素材的速率。

05 选中音频素材，执行"剪辑"→"音频选项"→"音频增益"命令，如图 8-14 所示。

图8-14 执行"音频增益"命令

06 打开"音频增益"对话框，在其中设置"调整增益值"为 5dB，如图 8-15 所示，完成后单击"确定"按钮。

图8-15 设置参数

8.2 音频的基本调节

本节将讲解音频的一些基本调节操作，具体内容包括调整音频的播放速度、调整音频音量、制作录音和添加与设置子轨道。

8.2.1 调整播放速度

音频的持续时间是指音频的入点和出点之间的素材持续时间，因此可以通过改变音频的入点或者出点位置来调整音频的持续时间。在"时间轴"面板中，使用"选择工具"▶直接拖动音频的边缘，以改变音频轨道上音频素材的长度，如图8-16所示。

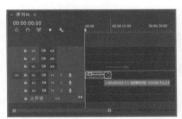

图8-16 拖动音频边缘调整长度

此外，用户还可以右击"时间轴"面板中的音频素材，在弹出的快捷菜单中执行"速度/持续时间"命令，如图8-17所示，在弹出的"剪辑速度/持续时间"对话框中调整音频的持续时间，如图8-18所示。

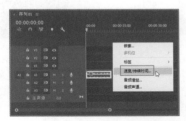

图8-17 执行"速度/持续时间"命令

图8-18 设置参数

技巧

在"剪辑速度/持续时间"对话框中，还可通过调整音频素材的"速度"参数值，来改变音频的持续时间。改变音频的播放速度后会影响音频的播放效果，音调会因速度的变化而改变。播放速度变化了，播放时间也会随着改变，需要注意的是这种改变与单纯通过改变音频素材的入点、出点来改变持续时间是不同的。

8.2.2 调整音量

在对音频素材进行编辑时，经常会遇到音频素材固有音量过高或者过低的情况，此时就需要对素材的音量进行调节，以满足项目制作需求。调节素材的音量有多种方法，下面简单介绍两种调节音频素材音量的操作方法。

1. 通过"音频剪辑混合器"来调节音量

在"时间轴"面板中选中音频素材，然后在"音频剪辑混合器"面板中拖动相应音频轨道的音量调节滑块，如图8-19所示，向上拖动滑块为增大音量，向下拖动滑块为减小音量。

图8-19 拖动滑块以调整音量

技巧

每个音频轨道都有一个对应的音量调节滑块，滑块下方的数值文本框中显示了当前音量，用户也可以单击数值，在文本框中手动输入数值来改变音量。

2. 在"效果控件"面板中调节音量

在"时间轴"面板中选中音频素材，在"效果控件"面板中展开素材的"音量"效果属性，然后设置"级别"参数值来调节所选音频素材的音量大小，如图8-20所示。

图8-20 设置"级别"参数值

在"效果控件"面板中，可以为所选择的音频素材参数设置关键帧，以便制作音频关键帧动画。单击一个音频参数右侧的"添加/移除关键帧"按钮◎，如图8-21所示，然后将时间线移动到下一时间点，调整音频参数值，Premiere Pro 2020会自动在该时间点添加一个关键帧，如图8-22所示。

图8-21 单击按钮

图8-22 添加关键帧

练习8-2 调整音频的音量

难度：☆☆
资源文件：第8章\练习8-2
在线视频：第8章\练习8-2调整音频的音量.mp4

当导入剪辑项目中的音频出现声音过大或是声音太小的情况时，需要对音频素材的音量进行调整，这是素材编辑处理的一项基本技能。

01 启动 Premiere Pro 2020，按组合键 Ctrl + O，打开素材文件夹中的"调整音量 .prproj"项目文件。

02 进入工作界面后，可以看到"时间轴"面板中已经添加好的素材，如图8-23所示。在"节目"监视器面板中预览当前素材效果，如图 8-24 所示。

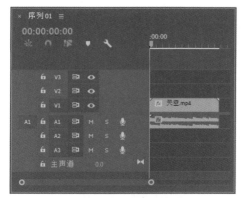

图8-23 轨道中的素材

图8-24 预览效果

03 选中A1轨道中的音频素材，执行"剪辑"→"音频选项"→"音频增益"命令，如图 8-25 所示。

04 打开"音频增益"对话框，在其中设置"调整增益值"参数值为 5dB，如图 8-26 所示，完成后单击"确定"按钮。

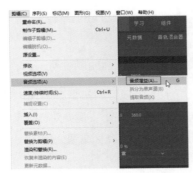

图8-25 执行"音频增益"命令

图8-26 设置参数

05 选中音频素材,在"效果控件"面板中,展开"音量"选项。在 00:00:00:00 时间点,修改"级别"参数值为 -280dB,将自动添加一个关键帧,如图 8-27 所示。

图8-27 添加关键帧

06 调整时间线位置,将当前时间设置为00:00:01:15,然后修改"级别"参数值为0dB,如图 8-28 所示。

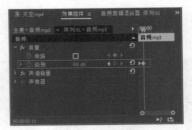

图8-28 设置参数

8.2.3 制作录音

使用录音功能前,需确保计算机音频输入设备已正常连接。用户可以使用MIC或其他MIDI设备在Premiere Pro 2020中进行录制,录制的声音会自动生成为音频轨道上的一个音频素材,用户还可以选择将声音素材输出为一个格式兼容的音频文件。

8.2.4 添加与设置子轨道

用户可以为每个音频轨道增添子轨道,并且可以分别对每个子轨道进行不同的调节或添加不同的效果,从而完成复杂的声音效果设置。需要注意的是,子轨道是依附于其主轨道存在的,所以无法在子轨道中添加音频素材,只能作为辅助调节使用。

8.3 "音频剪辑混合器"面板

"音频剪辑混合器"面板可以实时混合"时间轴"面板中各个轨道中的音频素材,用户可以在该面板中选择相应的音频控制器进行调整,以调节它在"时间轴"面板的对应轨道中的音频素材。通过"音频剪辑混合器"面板,用户可以很方便地把控音频的声道、音量等属性。

8.3.1 认识"音频剪辑混合器"面板

"音频剪辑混合器"面板由若干个轨道音频控制器、主音频控制器和播放控制器组成,如图8-29所示。其中轨道音频控制器主要是用于调节"时间轴"面板中与其对应的轨道上的音频。

轨道音频控制器的数量跟"时间轴"面板中音频轨道的数量一致。轨道音频控制器由控制按钮、声道调节滑轮和音量调节滑竿这3部分组成。

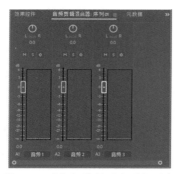

图8-29　"音频剪辑混合器"面板

1. 控制按钮

　　轨道音频控制器的控制按钮主要用于控制音频调节器的状态，下面分别介绍各个按钮名称及其功能作用。

- "静音轨道"按钮M：主要用于设置轨道音频是否为静音状态，单击该按钮，按钮呈绿色时，表示该音轨处于静音状态，再次单击该按钮即可取消静音。
- "独奏轨道"按钮S：单击该按钮，按钮呈黄色时，其他普通音频轨道将会自动被设置为静音模式。
- "写关键帧"按钮 ：单击该按钮，按钮呈蓝色时，可对音频素材进行关键帧设置。

2. 声道调节滑轮

　　声道调节滑轮如图8-30所示，主要用来实现音频素材的声道切换，当音频素材为双声道音频时，可以使用声道调节滑轮来调节播放道。按住鼠标左键向上拖动滑轮，则输出左声道的音量增大，向下拖动滑轮则输出右声道的音量增大。

图8-30　声道调节滑轮

3. 音量调节滑竿

　　音量调节滑竿如图8-31所示，主要用于控制当前轨道音频素材的音量大小，按住鼠标左键向上拖动滑块可增加音量，向下拖动滑块可减小音量。

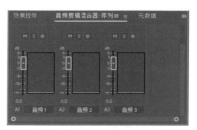

图8-31　音量调节滑竿

8.3.2　使用"音频剪辑混合器"面板

　　当"时间轴"面板中的音频素材出现音量过高或过低的情况时，用户可选择在"效果控件"面板中对音量进行调整，也可以选择在"音频剪辑混合器"面板中更为直观便捷地调控音频音量。

练习8-3　音频音量的调节 重点

难度：☆	
资源文件：第8章\练习8-3	
在线视频：第8章\练习8-3音频音量的调节.mp4	

　　下面将演示如何在"音频剪辑混合器"面板中调整音频素材的音量。

01 启动Premiere Pro 2020，按组合键Ctrl + O，打开素材文件夹中的"音频音量的调节.prproj"项目文件。

02 进入工作界面后，可以看到"时间轴"面板中已经添加好的两段音频素材，如图8-32所示。

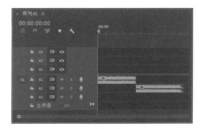

图8-32　轨道中的素材

03 分别预览两段音频素材，会发现第 1 段音频素材的音量过低，第 2 段音频素材的音量过高。

04 打开"音频剪辑混合器"面板，然后在"时间轴"面板中将时间线定位到 A1 轨道中的第 1 段音频素材范围内，可以在"音频剪辑混合器"面板中看到该段音频素材对应的音量调节滑块位于 -40 的位置，如图 8-33 所示。

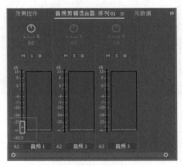

图8-33 滑块所处位置

05 将音量滑块向上拖动到 -5.5 的位置，以此来提高素材音量，如图 8-34 所示，也可以选择在下方的数值框中直接输入数值 -5.5。

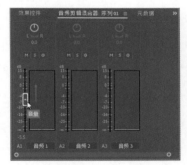

图8-34 向上拖动滑块

06 在"时间轴"面板中将时间线定位到 A2 轨道中的第 2 段音频素材范围内，此时在"音频剪辑混合器"面板中可以看到该段音频素材对应的音量调节滑块位于 6.8 位置，如图 8-35 所示。

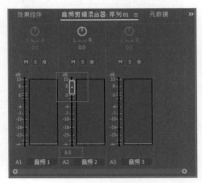

图8-35 滑块所处位置

07 将音量滑块向下拖动到 -5.5 的位置，以此来降低素材音量，如图 8-36 所示，也可以选择在下方的数值框中直接输入数值 -5.5。

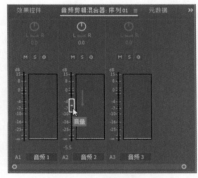

图8-36 向下拖动滑块

08 在"节目"监视器面板中预览音频效果。

8.4 音频效果介绍

　　Premiere Pro 2020具有完善的音频编辑功能，在"效果"面板的"音频效果"文件夹中提供了大量的音频效果，可以满足多种音频效果的编辑需求。下面将简单介绍一些常用的音频效果。

8.4.1 "多功能延迟"效果

　　一般来说，延迟效果可以使音频产生回音效果，而"多功能延迟"效果则可以产生4层回音，并能根据参数设置，来控制每层回音的延迟时间与程度。

　　添加音频效果的方法与添加视频效果的方法

一致。在"效果"面板中展开"音频效果"文件夹,将其中的"多功能延迟"效果拖动添加到需要应用该效果的音频素材上,如图8-37所示。

图8-37 添加效果

完成效果的添加后,在"效果控件"面板中可对其进行参数设置,如图8-38所示。

图8-38 效果参数

选项介绍如下。

● 延迟1/延迟2/延迟3/延迟4:用于指定原始音频与回声之间的时间量。
● 反馈1/反馈2/反馈3/反馈4:用于指定延迟信号的叠加程度,以产生多重衰减回声的百分比。
● 级别1/级别2/级别3/级别4:用于设置每层的回声音量强度。
● 混合:用于控制延迟声音和原始音频的混合百分比。

8.4.2 "带通"效果

"带通"效果可以删除指定声音之外的范围或者波段的频率。在"效果"面板中展开"音频效果"文件夹,在其中选中"带通"效果,将其拖动到需要应用该效果的音频素材上,即可在"效果控件"面板中对其进行参数

调整,如图8-39所示。

图8-39 效果参数

选项介绍如下。

● 中心:用于设置频率范围的中心频率数值。
● Q:用于设置波段频率的宽度。

8.4.3 "延迟"效果

"延迟"效果可用来制作音频素材的回声。在"效果"面板中展开"音频效果"文件夹,在其中选中"延迟"效果,将其拖动到需要应用该效果的音频素材上,即可在"效果控件"面板中对其进行参数调整,如图8-40所示。

图8-40 效果参数

选项介绍如下。

● 延迟:用来指定回声播放延迟的时间。
● 反馈:指定延迟信号反馈叠加的百分比。
● 混合:控制回声的百分比。

练习8-4 回音效果的制作

难度:☆☆
资源文件:第8章\练习8-4
在线视频:第8章\练习8-4回音效果的制作.mp4

为"时间轴"面板中的音频素材添加"延迟"效果,可以使音频素材产生回音效果。

01 启动 Premiere Pro 2020,按组合键 Ctrl + O,打开素材文件夹中的"回音效果.prproj"项目文件。

02 进入工作界面后,可以看到"时间轴"面板

中已经添加好的音频素材，如图 8-41 所示。

图8-41 轨道中的素材

03 在"效果"面板中，展开"音频效果"文件夹，选中"延迟"效果，将其添加至 A1 轨道中的音频素材中，如图 8-42 所示。

图8-42 添加效果

04 选中音频素材，在"效果控件"面板中展开"延迟"效果，设置"延迟"参数为 1.5 秒、"反馈"参数为 20%、"混合"为 60%，如图 8-43 所示。

图8-43 设置参数

8.4.4 "低通"与"高通"效果

"低通"效果用于删除高于指定频率界限的频率，使音频产生浑厚的低音音场效果。"高通"效果用于删除低于指定频率界限的频率，使音频产生清脆的高音音场效果。

在"效果"面板中展开"音频效果"文件夹，再分别将"低通"和"高通"效果拖曳到需要应用该效果的音频素材上，再在"效果控件"面板对其进行参数设置即可，如图8-44所示。

"低通"和"高通"效果属性中都只有一个

参数选项，即"屏蔽度"。在"低通"效果中该选项用于设定可通过声音的最高频率，在"高通"效果中该选项用于设定可通过声音的最低频率。

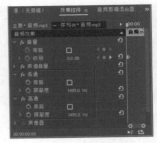

图8-44 效果参数

8.4.5 "低音"与"高音"效果

"低音"效果用于增强音频波形中低频部分的音量，使音频产生低音增强效果。"高音"效果用于增强音频波形中高频部分的音量，使音频产生高音增强效果。

在"效果"面板中展开"音频效果"文件夹，再分别将"低音"和"高音"效果拖曳到需要应用该效果的音频素材上，再在"效果控件"面板对其进行参数设置即可，如图8-45所示。

图8-45 效果参数

"低音"和"高音"效果属性中都只有一个参数选项，即"提升"，用于增强低音或高音。

8.4.6 "消除齿音"效果

"消除齿音"效果可以用于对人物语音音频进行清晰化处理，一般用来消除人物对着麦克风说话时产生的齿音。在"效果"面板中展开"音频效果"文件夹，再选中"消除齿音"

效果,将其拖曳到需要应用该效果的音频素材上,即可在"效果控件"面板对其进行参数设置,如图8-46所示。

图8-46 效果参数

在进行参数设置过程中,用户可以根据语音的类型和具体情况,选择对应的预设处理方式,对指定的频率范围进行限制,以便高效地完成音频内容的优化处理。

技巧

用户可以在同一个音频轨道上添加多个音频效果并分别进行控制。

8.4.7 "音量"效果

"音量"效果是指渲染音量时可以使用"音量"效果产生的音量来代替原始素材的音量,该效果可以为素材建立一个类似于封套的效果,并在其中设定一个音频标准。

在"效果"面板中展开"音频效果"文件夹,再选中"音量"效果,将其拖曳到需要应用该效果的音频素材上,并在"效果控件"面板中对其进行参数设置,如图8-47所示。

图8-47 效果参数

在"效果控件"面板中只包含一个"级别"选项,该选项用于设置音量的大小,正值为提高音量,负值则相反。

8.4.8 "交叉淡化"效果

音频过渡效果,即在音频素材的首尾添加效果,使音频产生淡入淡出效果;或在两个相邻音频素材之间添加效果,使音频与音频之间的衔接变得柔和自然。

在"效果"面板中,展开"音频过渡"文件夹,其中的"交叉淡化"文件夹中提供了"恒定功率""恒定增益""指数淡化"这3种音频过渡效果,如图8-48所示。

图8-48 "交叉淡化"类效果

音频过渡效果的应用方法与应用视频过渡效果的方法相似,先将效果拖动添加到音频素材的首尾或两个素材之间,如图8-49所示。

图8-49 添加效果

接着,在"时间轴"面板中选中音频过渡效果,在"效果控件"面板中可以调整其持续时间、对齐方式等参数,如图8-50所示。

图8-50 效果参数

难度：☆☆

资源文件：第8章\练习8-5

在线视频：第8章\练习8-5为音频制作淡入淡出效果.mp4

在进行剪辑项目的编辑处理时，若添加的音乐和音频的开始和结束太突然，则会令其在整个剪辑中显得突兀，此时可以通过在音频首尾处添加淡化效果，来实现音频的淡入淡出效果，使剪辑项目的衔接更加自然。

01 启动 Premiere Pro 2020，按组合键 Ctrl + O，打开素材文件夹中的"淡入淡出效果 .prproj"项目文件。

02 进入工作界面后，右击"时间轴"面板中的"小狗 .mp4"素材，在弹出的快捷菜单中执行"取消链接"命令，如图 8-51 所示。

03 选中 A1 轨道中的音频素材，按 Delete 键将其删除。接着将"项目"面板中的"音频 .mp3"素材添加到 A1 轨道上，如图 8-52 所示。

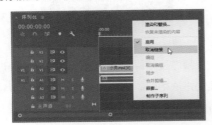

图8-51 添加素材

图8-52 添加音频素材

04 在"时间轴"面板中，将时间线移动到"小狗 .mp4"素材的末尾处，然后使用"剃刀工具" ✎ 将音频素材沿时间线所处位置进行分割，如图 8-53 所示。音频素材分割完成后，将时间线之后的部分选中并删除。

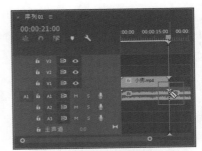

图8-53 分割素材

05 在"效果"面板中展开"音频过渡"文件夹，选中"交叉淡化"文件夹中的"恒定增益"效果，将其添加至音频素材的起始位置，如图 8-54 所示。

图8-54 添加效果

06 在"时间轴"面板中单击"恒定增益"效果，进入"效果控件"面板，设置"持续时间"为 00:00:02:00，如图 8-55 所示。

图8-55 设置参数

07 将"恒定增益"效果添加至音频素材的结尾位置，如图 8-56 所示。

图8-56 添加效果

08 在"时间轴"面板中选中上述步骤中添加的"恒定增益"效果，进入"效果控件"面板，设置"持续时间"为 00:00:02:00，如图 8-57 所示。

图8-57 设置参数

09 在 A1 轨道上的音频素材包含了两个音频过渡效果，一个位于开始处，对音频进行淡入；另一个位于结束处，对音频进行淡出，如图 8-58 所示。

图8-58 素材最终效果

8.5 知识总结

声音是影视作品中不可或缺的元素之一，因此在视频编辑工作中，除了要掌握视频素材的各项剪辑操作，还要掌握音频素材的编辑技巧。在Premiere Pro 2020中，通过为音频素材添加特效，或在"效果控件"面板和"音频剪辑混合器"面板中对音频参数进行调整，可以帮助读者轻松获取适应各类场景的声音效果。

8.6 拓展训练

本节安排了两个拓展训练，以帮助读者巩固本章所学内容。

训练8-1 左右声道播放音频

难度：☆☆

资源文件：第8章\训练8-1

在线视频：第8章\训练8-1左右声道播放音频.mp4

◆分析

本训练将为音频素材应用"用左侧填充右侧""用右侧填充左侧""平衡"这3种音频效果，来使音频素材实现左右声道各自播放的效果。

◆知识点

1.复制音频素材

2.为素材分别添加"用左侧填充右侧"和"用右侧填充左侧"效果

3.添加"平衡"效果并对参数进行调整

训练8-2 制作重低音效果

难度：☆

资源文件：第8章\训练8-2

在线视频：第8章\训练8-2制作重低音效果.mp4

◆分析

本训练为音频素材添加"低通"效果，再调整效果的"屏蔽度"参数，来制作出重低音效果。

◆知识点

1.为音频素材添加"低通"效果

2.调整"屏蔽度"参数

第4篇

实战篇

第9章

视频转场特效

本章主要讲解创意转场特效的设计。因为很多时候两个镜头在相接时会出现跳帧的情况。从一个画面到另一个画面时过于生硬，势必会影响观影体验，所以视频添加转场特效是后期剪辑视频必不可少的操作。在进行视频处理时，用户除了可以使用Premiere Pro 2020内置的效果快速添加转场，还可以通过设置关键帧、添加蒙版等方式来制作一些特殊的转场效果。添加视频转场特效可以使两个镜头衔接得更自然、顺畅。

教学目标

学习卷帘转场特效的制作 | 学习蒙版转场特效的制作
学习创意笔刷转场特效的制作

◆分析

　　本例主要讲解卷帘转场特效的制作方法，该转场效果会在两个画面之间创建"调整图层"素材，然后为调整图层添加"偏移"效果，再在"效果控件"面板中为效果参数设置关键帧，最后完成两个画面的上下滚动效果。接着为调整图层添加"方向模糊"效果，调整效果参数，可使画面在切换时产生运动模糊效果。最终效果如图9-1所示。

难度：☆☆☆
资源文件：第9章\9-1
在线视频：第9章\9-1卷帘转场特效.mp4

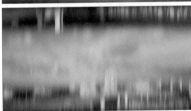

图9-1 最终效果

◆知识点

1.标记素材的入点和出点
2.创建"调整图层"素材
3.应用"偏移"效果
4.应用"方向模糊"效果

◆操作步骤

01 启动 Premiere Pro 2020，执行"文件"→"新建"→"项目"命令（组合键 Ctrl + Alt + N），打开"新建项目"对话框，设置项目的"名称"及"位置"，如图9-2所示，完成后单击"确定"按钮。

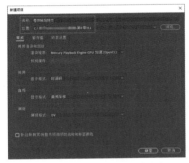

图9-2 "新建项目"对话框

02 执行"文件"→"新建"→"序列"命令（组合键 Ctrl + N），打开"新建序列"对话框，在"可用预设"列表框中展开"HDV"文件夹，选择"HDV 1080p25"选项，如图9-3所示，完成后单击"确定"按钮。

图9-3 "新建序列"对话框

03 序列创建完成后，执行"文件"→"导入"命令（组合键 Ctrl + I），在打开的"导入"对话框中选择素材文件夹中的"视频 1.mp4"和"视频 2.mp4"文件,单击"打开"按钮,即可将视频素材导入"项目"面板中,如图 9-4 所示。

图9-4 导入视频素材

04 双击"项目"面板中的"视频 1.mp4"素材,使其在"源"监视器面板中显示。调整时间线至 00:00:00:00 位置,然后单击"标记入点"按钮,如图 9-5 所示。

图9-5 标记视频入点

05 调整时间线至 00:00:03:00 位置,然后单击"标记出点"按钮,如图 9-6 所示。

图9-6 标记视频出点

06 按住"源"监视器面板中的"仅拖动视频"

按钮,将视频素材拖入"时间轴"面板的 V1 轨道中,如图 9-7 所示。

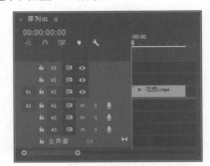

图9-7 添加素材至视频轨道中

07 双击"项目"面板中的"视频 2.mp4"素材,使其在"源"监视器面板中显示。用上述的方法标记素材的入点和出点,如图 9-8 所示。

图9-8 标记素材入点和出点

08 按住"源"监视器面板中的"仅拖动视频"按钮,将视频素材拖入"时间轴"面板的 V1 轨道中,使其衔接在"视频 1.mp4"素材的后方,如图 9-9 所示。

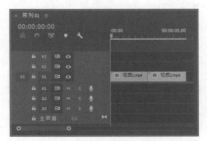

图9-9 添加素材至视频轨道中

09 在"项目"面板中右击空白处,在弹出的快捷菜单中执行"新建项目"→"调整图层"命令,如图 9-10 所示。

图9-10 执行"调整图层"命令

10 打开"调整图层"对话框，保持默认设置，单击"确定"按钮，如图9-11所示。

图9-11 "调整图层"对话框

11 在"项目"面板中选中"调整图层"素材，将其添加至V2轨道中，如图9-12所示。

图9-12 添加素材

12 在"时间轴"面板中调整时间线至00:00:02:15位置，然后将鼠标指针移至"调整图层"素材前端，将素材向时间线所在位置推进，如图9-13所示。

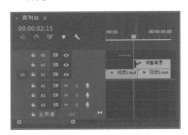

图9-13 调整素材长度

13 调整时间线至00:00:03:10位置，然后将鼠标指针移至"调整图层"素材尾部，将素材向时间线所在位置推进，如图9-14所示。

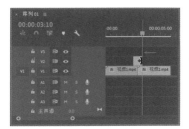

图9-14 调整素材长度

14 在"效果"面板中搜索"偏移"效果，将该效果添加至"调整图层"素材上，如图9-15所示。

图9-15 添加效果

15 在"时间轴"面板中将时间线移至00:00:02:16位置，然后选中"调整图层"素材，进入"效果控件"面板，单击"将中心移位至"参数前的"切换动画"按钮，在当前时间点添加第1个关键帧，如图9-16所示。

图9-16 创建第1个关键帧

16 将时间线移至00:00:03:09位置，在"效果控件"面板中调整"将中心移位至"参数值为720、2700（这里实际上仅更改y轴参数即可），创建第2个关键帧，如图9-17所示。

图9-17 创建第2个关键帧

在调整"将中心移位至"参数值时，可在"节目"监视器面板中预览到画面的滚动效果，如图9-18所示。y轴参数值设置为2700，相当于画面向下滑动了4次。用户可以根据自己的实际需求来设置滑动次数。

图9-18 预览效果

17 在"效果控件"面板中，单击"与原始图像混合"参数前的"切换动画"按钮◎添加关键帧，如图9-19所示。

图9-19 创建第1个关键帧

18 将时间线移至 00:00:03:10 位置，在"效果控件"面板中调整"与原始图像混合"参数为100%，创建第 2 个关键帧，如图9-20所示。

这样可以使最终画面位置恢复得更加准确。

图9-20 创建第2个关键帧

19 在"效果"面板中搜索"方向模糊"效果，将该效果添加至"调整图层"素材上，如图9-21所示。

图9-21 添加效果

20 选中"调整图层"素材，进入"效果控件"面板，调整"方向"为1°、"模糊长度"为36，如图9-22所示。

图9-22 预览效果

21 这样就完成了卷帘转场特效的制作，在"节目"监视器面板中可以预览最终视频效果。

9.2 蒙版转场特效

◆分析

　　本例讲解蒙版转场特效的制作方法，该转场效果是在上层素材画面中绘制蒙版，使下层素材画面出现在蒙版区域中，从而使两个画面合二为

一的。接着，为上层素材设置"缩放"关键帧，使素材对应的画面逐渐放大出画，并完全显示下层素材对应的画面，实现两个画面的完美过渡。最终效果如图9-23所示。

难度：☆☆☆

资源文件：第9章\9-2

在线视频：第9章\9-2蒙版转场特效.mp4

图9-23 最终效果

◆知识点

1.绘制蒙版

2.添加"缩放"关键帧

◆操作步骤

01 启动 Premiere Pro 2020，执行"文件"→"打开项目"命令（组合键 Ctrl + O），将素材文件夹中的"蒙版转场特效 .prproj"文件打开。

02 进入工作界面，在"项目"面板中选中"电脑 .jpg"素材，将该素材拖入"时间轴"面板的V2 轨道中（注意这里素材的默认持续时间设置为5 秒），如图 9-24 所示。在"节目"监视器面板中预览当前画面效果，如图 9-25 所示。

图9-24 添加素材

图9-25 预览素材

03 双击"项目"面板中的"轨道 .mp4"素材，使其在"源"监视器面板中显示。调整时间线至00:00:08:10 位置，然后单击"标记入点"按钮，如图 9-26 所示。

图9-26 标记视频入点

04 调整时间线至 00:00:16:25 位置，然后单击"标记出点"按钮，如图 9-27 所示。

图9-27 标记视频出点

05 按住"源"监视器面板中的"仅拖动视频"按钮■，将视频素材拖入"时间轴"面板的 V1 轨道中，如图 9-28 所示。

图9-28 添加素材至视频轨道中

06 在"时间轴"面板中选中"电脑.jpg"素材，进入"效果控件"面板，展开"不透明度"选项，单击"自由绘制贝塞尔曲线"按钮✎，激活蒙版选项，如图 9-29 所示。

图9-29 单击按钮以激活选项

07 将鼠标指针移动到"节目"监视器面板，沿着画面中电脑屏幕的边缘绘制蒙版，如图 9-30 所示。

图9-30 绘制蒙版

08 在"效果控件"面板中勾选"已反转"复选框，并调整"蒙版羽化"参数值为 18，如图 9-31 所示。在"节目"监视器面板中预览当前画面效果，如图 9-32 所示。

图9-31 调整参数

图9-32 预览效果

09 在"时间轴"面板中单击"电脑.jpg"素材前的"切换轨道锁定"按钮🔒，将该轨道暂时锁定，以免之后误操作。选中"轨道.mp4"素材，在"节目"监视器面板中双击以激活对象控制框，然后在"效果控件"面板中减少"缩放"参数的数值，使对象适应"电脑.jpg"素材中的屏幕大小，同时在"节目"监视器面板中移动对象，确保对象锚点位于屏幕中心位置，调整完成后效果如图 9-33 所示。

图9-33 调整对象的大小及位置

10 将时间线移至 00:00:03:00 位置，在"效果控件"面板中单击"缩放"参数前的"切换动画"按钮⏱，在当前时间点添加第 1 个关键帧(此时"缩放"参数的参考数值为 50），如图 9-34 所示。

图9-34 创建第1个关键帧

11 将时间线移至 00:00:04:20 位置，在"效果控件"面板中调整"缩放"参数为 135，创建第 2 个关键帧，如图 9-35 所示。

图9-35 创建第2个关键帧

12 在"时间轴"面板中，单击"电脑.jpg"素材前的"切换轨道锁定"按钮 🔒，解除该轨道的锁定。选中"电脑.jpg"素材，将时间线移至 00:00:03:00 位置，进入"效果控件"面板，单击"缩放"参数前的"切换动画"按钮 🕐，在当前时间点添加第 1 个关键帧，如图 9-36 所示。

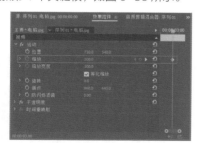

图9-36 创建第1个关键帧

13 将时间线移至 00:00:04:16 位置，在"效果控件"面板中调整"缩放"参数为 393，创建第 2 个关键帧，如图 9-37 所示。

14 在"节目"监视器面板中预览视频效果，会发现两个画面的缩放动画出现了不同步的情况，如图 9-38 所示。

图9-37 创建第2个关键帧

图9-38 两个画面不同步

15 此时需要添加中间关键帧，使两个画面更加契合。将时间线移至 00:00:03:15 位置，在"效果控件"面板中调整"缩放"参数为 134，添加 1 个中间关键帧，如图 9-39 所示。将时间线移至 00:00:04:00 位置，在"效果控件"面板中调整"缩放"参数为 210，再次添加 1 个中间关键帧，如图 9-40 所示。

图9-39 添加中间关键帧1

图9-40 添加中间关键帧2

16 检查画面效果，若两个素材的画面仍然存在不同步的情况，可根据实际情况继续添加中间关键帧。完成设置后，可在"节目"监视器面板中预览最终视频效果。

9.3 创意笔刷转场特效

◆分析

本例主要讲解创意笔刷转场特效的制作方法。本例在制作过程中将用到笔刷绿幕素材，使用"超级键"效果和"轨道遮罩键"效果，可以很好地抠除素材画面中的绿色，从而实现两个素材画面的合成。最终效果如图9-41所示。

难度：☆☆☆	
资源文件：第9章\9-3	
在线视频：第9章\9-3创意笔刷转场特效.mp4	

图9-41 最终效果

◆知识点

1. 应用"超级键"效果
2. 应用"轨道遮罩键"效果

◆操作步骤

01 启动 Premiere Pro 2020，执行"文件"→"打开项目"命令（组合键 Ctrl + O），将素材文件夹中的"创意笔刷转场特效 .prproj"文件打开。

02 进入工作界面，双击"项目"面板中的"日落 .mp4"素材，使其在"源"监视器面板中显示。调整时间线至 00:00:04:00 位置，然后单击"标记入点"按钮 ，如图9-42 所示。

图9-42 标记视频入点

03 调整时间线至 00:00:12:00 位置，然后单击"标记出点"按钮 ，如图 9-43 所示。

图9-43 标记视频出点

04 按住"源"监视器面板中的"仅拖动视频"按钮 ，将视频素材拖入"时间轴"面板的 V2

轨道中，如图 9-44 所示。

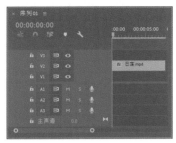

图9-44 添加素材

05 双击"项目"面板中的"夜色 .mp4"素材，使其在"源"监视器面板中显示。调整时间线至 00:00:00:00 位置，然后单击"标记入点"按钮 ，如图 9-45 所示。

图9-45 标记视频入点

06 调整时间线至 00:00:08:00 位置，然后单击"标记出点"按钮 ，如图 9-46 所示。

图9-46 标记视频出点

07 按住"源"监视器面板中的"仅拖动视频"按钮 ，将视频素材拖入"时间轴"面板的 V1 轨道中，暂时放置在"日落 .mp4"素材后方，如图 9-47 所示。

图9-47 添加素材

08 双击"项目"面板中的"笔刷 .mp4"素材，使其在"源"监视器面板中显示。用上述的方法标记素材的入点和出点（入点为 00:00:04:01），出点如图 9-48 所示。这里提供了几种不同的笔刷样式，读者可根据喜好自行截取。

图9-48 标记素材入点和出点

09 按住"源"监视器面板中的"仅拖动视频"按钮 ，将视频素材拖入"时间轴"面板的 V3 轨道中，并将素材尾部与下方的"日落 .mp4"素材右侧对齐，如图 9-49 所示。

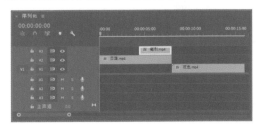

图9-49 添加素材

10 在"效果"面板中搜索"超级键"效果，将该效果添加至"笔刷 .mp4"素材上，如图 9-50 所示。

图9-50 添加效果

11 在"时间轴"面板中将时间线移至"笔刷.mp4"素材上方,在"节目"监视器面板中预览素材,可以看到绿色笔刷痕迹,如图9-51所示。

图9-51 预览效果

12 选中"笔刷.mp4"素材,进入"效果控件"面板,展开"超级键"效果,单击"主要合成"选项后的▲按钮,接着移动鼠标指针至素材画面上方,单击以吸取画面中的绿色,如图9-52所示。

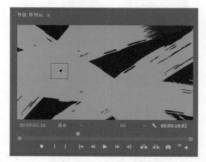

图9-52 吸取颜色

13 在"时间轴"面板中将"夜色.mp4"素材暂时向前移动,使其与V2轨道中的素材首尾对齐。预览此时的画面效果,如图9-53所示,发现画面还存在一些黑色痕迹,并且无法看到"夜色.mp4"素材的画面。

图9-53 预览效果

14 在"效果控件"面板中展开"输出"下拉列表框,选择"Alpha通道"选项,如图9-54所示。

图9-54 设置参数

15 在"效果"面板中搜索"轨道遮罩键"效果,将该效果添加至"日落.mp4"素材上,如图9-55所示。

图9-55 添加效果

16 选中"日落.mp4"素材,进入"效果控件"面板,展开"遮罩"下拉列表框,选择"视频3"选项(对应"笔刷.mp4"素材所在轨道);展开"合成方式"下拉列表框,选择"亮度遮罩"选项,如图9-56所示。此时预览画面效果,可以看到黑色痕迹消失,同时显示了"夜色.mp4"素材的画面,如图9-57所示。

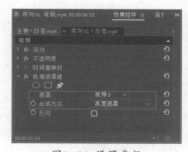

图9-56 设置参数

图9-57 预览效果

17 将"时间轴"面板中的"夜色.mp4"素材拖回原位。从起始位置预览视频，会发现起始位置的画面为全黑状态。下面继续操作，使素材画面恢复。

18 将时间线移至00:00:04:10位置，然后使用"剃刀工具" 沿时间线所处位置分割"日落.mp4"素材，如图9-58所示。

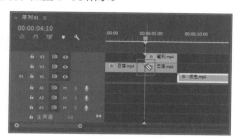

图9-58 分割素材

19 选中位于时间线前的"日落.mp4"素材，进入"效果控件"面板，选中"轨道遮罩键"效果，如图9-59所示，按Delete键将该效果删除。完成操作后，素材画面将被恢复，但此时预览画面会发现00:00:04:10时间点的画面不太流畅。

图9-59 设置参数

20 在"时间轴"面板中选中"笔刷.mp4"素材，将时间线移至00:00:04:11位置，然后使用"剃刀工具" 沿时间线所处位置分割"笔刷.mp4"素材，如图9-60所示。

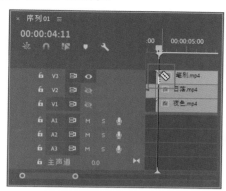

图9-60 分割素材

21 将位于时间线之前的"笔刷.mp4"素材删除，然后将剩下的"笔刷.mp4"素材向前拖动，使其前端与下方的"日落.mp4"素材前端对齐，如图9-61所示。

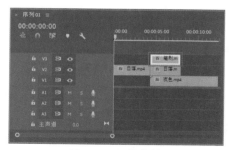

图9-61 调整素材

22 在"节目"监视器面板中预览最终视频效果。

9.4 知识总结

在两个素材之间添加转场效果是视频处理的一项基本操作，也是每个视频爱好者应该掌握的基本技法。在视频中添加几个酷炫的转场效果，可以令简单的视频增色不少。本章精选了几个转场特效制作案例并对其进行了详细讲解，希望能帮助各位读者快速掌握自定义转场效果的设计与制作技巧。

本章安排了两个拓展训练，来帮助读者巩固在Premiere Pro 2020中制作转场特效视频的方法和技巧。

训练9-1 收缩拉镜转场特效

难度：☆☆☆☆

资源文件：第9章\训练9-1

在线视频：第9章\训练9-1收缩拉镜转场特效.mp4

◆分析

　　收缩拉镜转场效果的画面节奏感较强，适合用在一些快节奏的视频里。本训练的制作流程可分为以下几点，首先在图像开始处设置"缩放"关键帧动画，然后为素材添加"方向模糊"效果，并制作"模糊长度"关键帧动画，以此来实现画面在缩放的同时产生运动模糊效果。在添加关键帧后，可分别执行一次"缓入"和"缓出"命令，并调整曲线使运动产生动感。最后，复制关键帧属性粘贴到其他素材上，即可完成多个图像收缩拉镜转场效果的制作。本训练的最终完成效果如图9-62所示。

图9-62 最终效果

图9-62 最终效果（续）

◆知识点

1.添加和调整"缩放"关键帧

2.为素材应用"方向模糊"效果

3.关键帧插值的设置与调整

4.复制和粘贴关键帧属性

训练9-2 火焰转场特效

难度：☆☆☆

资源文件：第9章\训练9-2

在线视频：第9章\训练9-2火焰转场特效.mp4

◆分析

　　火焰转场特效主要是通过在两段素材之间应用火焰绿幕素材来实现的。下面具体阐述本特效的制作要点。首先需要添加火焰绿幕素材至"时间轴"面板中，调整该素材的大小及持续时间等参数。接着为绿幕素材添加"颜色键"效果，将画面中的绿色抠除。然后为下层图像绘制蒙版，使图像在火焰推移的过程中也同时发生推移。最后再次为绿幕素材添加"颜色键"效果，将画面中的蓝色抠除，即可完成整个效果的制作。本训练的最终完成效果如图9-63所示。

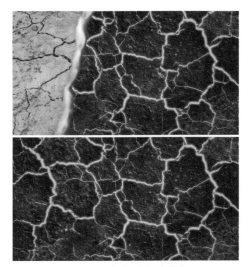

图9-63 最终效果（续）

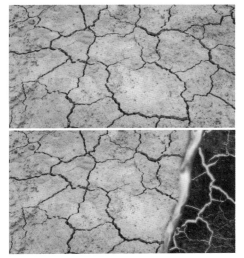

图9-63 最终效果

◆知识点

1.视频素材速度与持续时间的调整
2.使用"颜色键"效果抠取素材
3."蒙版路径"关键帧的应用

视频视觉特效

本章将讲解多个视频视觉特效的设计及制作方法。制作一个好视频，除了要完成基本的片段分割、重组、效果添加和音频添加等外，还要学会为视频添加一些视觉特效，来更好地贴合视频主题，从侧面反映影片的时间、情感和影片基调。

教学目标

学习旧电视播放效果的制作 ｜ 学习画面经典倒放效果的制作

学习多画面分屏效果的制作 ｜ 学习自动跟踪马赛克效果的制作

◆分析

本例讲解旧电视播放效果的制作方法。制作要点大致可以分为以下几点，首先为绿幕素材应用"超级键"效果，实现两个画面的合成；接着为底层素材应用"变换"效果，使素材画面的透视角度更加契合上层素材的画面；最后为素材应用"网格"效果，制作旧电视信号干扰视觉特效。最终效果如图10-1所示。

难度：☆☆
资源文件：第10章\10-1
在线视频：第10章\10-1旧电视播放效果.mp4

图10-1 最终效果

◆知识点

1.应用"超级键"效果
2.应用"变换"效果
3.应用"网格"效果

◆操作步骤

01 启动Premiere Pro 2020，执行"文件"→"打开项目"命令（组合键Ctrl + O），将素材文件夹中的"旧电视播放效果.prproj"文件打开。

02 进入工作界面，将"项目"面板中的"街道.mp4"素材添加至V1轨道中，将"电视机.jpg"素材添加至V2轨道中，如图10-2所示。

图10-2 添加素材

03 选中"电视机.jpg"素材，在"效果控件"面板中设置"缩放"参数值为68，调整图像至合适大小，效果如图10-3所示。

图10-3 预览效果

04 在"效果"面板中搜索"超级键"效果，将该效果添加至"电视机.jpg"素材上，如图10-4所示。

图10-4 添加效果

05 选中"电视机.jpg"素材，进入"效果控件"面板，展开"超级键"效果，单击"主要合成"选项后的🖊按钮，接着移动鼠标指针至素材画面上方，单击吸取画面中的绿色，如图10-5所示。完成操作后，画面中的绿色部分将被抠除，如图10-6所示。

图10-5 吸取颜色

图10-6 抠像效果

06 选中"街道.mp4"素材,在"效果控件"面板中调整"位置"参数值为508、428,"缩放"参数值为38,如图10-7所示。

图10-7 设置参数

07 在"效果"面板中搜索"变换"效果,将该效果添加至"街道.mp4"素材上,然后在"效果控件"面板中展开"变换"效果,调整"倾斜"参数值为-6,如图10-8所示。

08 "街道.mp4"素材的画面较好地适应"电视机.jpg"素材画面的大小和角度,如图10-9所示。

图10-8 设置参数

图10-9 预览效果

09 在"效果"面板中搜索"网格"效果,将该效果添加至"街道.mp4"素材上,如图10-10所示。

图10-10 添加效果

10 选中"街道.mp4"素材,在"效果控件"面板中展开"网格"效果,对相关参数进行调整,如图10-11所示。完成操作后,得到的对应画面效果如图10-12所示。

图10-11 设置参数

图10-12 预览效果

11 在"时间轴"面板中将"电视机.jpg"素材延长，使其与下方的"街道.mp4"素材的首尾对齐，如图10-13所示。

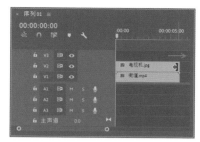

图10-13 延长素材

12 这样就完成了旧电视播放效果的制作。在"节目"监视器面板中可以预览最终视频效果。

10.2 画面经典倒放效果

◆分析

本例讲解画面经典倒放效果的制作方法，该效果在一些视频短片、电影中比较常见，可以为影片增加一定的趣味性。画面经典倒放效果的制作要点在于，首先需要复制一段视频素材置于原素材后方，然后执行"速度/持续时间"命令，在打开的对话框中勾选"倒放速度"复选框，从而实现影片倒放；接着在视频素材上方创建一个"黑场视频"素材，并为"黑场视频"素材应用"杂色"效果和"波形变形"效果，来完成画面颗粒感和波纹效果的制作；最后在项目中创建字幕及图形，并将它们放置到合适位置，即可完成视频的制作。最终效果如图10-14所示。

难度：☆☆☆☆
资源文件：第10章\10-2
在线视频：第10章\10-2画面经典倒放效果.mp4

图10-14 最终效果

图10-14 最终效果（续）

◆知识点

1. 执行"速度/持续时间"命令
2. "比率拉伸工具"的使用
3. 创建"黑场视频"素材
4. 应用"杂色"效果
5. 应用"波形变形"效果
6. 字幕及图形的创建

◆操作步骤

01 启动 Premiere Pro 2020，执行"文件"→"打开项目"命令（组合键 Ctrl + O），将素材文件夹中的"画面倒放.prproj"文件打开。

02 进入工作界面后，在"时间轴"面板中选中"走路.mp4"素材，按住 Alt 键将素材向后拖动，以复制该素材，如图 10-15 所示。

图10-15 复制素材

03 选中复制的"走路.mp4"素材，右击，在弹出的快捷菜单中执行"速度 / 持续时间"命令，打开"剪辑速度 / 持续时间"对话框，在其中勾选"倒放速度"复选框，如图 10-16 所示，完成后单击"确定"按钮。

图10-16 设置参数

04 将时间线移至 00:00:22:00 位置，在工具箱中单击"比率拉伸工具"按钮，然后移动鼠标指针至复制的"走路.mp4"素材尾端，向左拖动素材尾端至时间线所处位置，如图 10-17 所示。

图10-17 调整素材

05 执行"文件"→"新建"→"黑场视频"命令，打开"新建黑场视频"对话框，保持默认设置，

单击"确定"按钮，如图 10-18 所示。

图10-18 "新建黑场视频"对话框

06 将"项目"面板中的"黑场视频"素材添加到 V2 轨道中，然后切换为"选择工具"，将"黑场视频"素材的尾端适当延长，如图 10-19 所示。

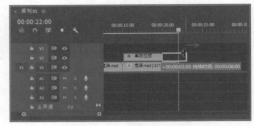

图10-19 调整素材

07 在"效果"面板中搜索"杂色"效果，将该效果添加至"黑场视频"素材上，如图 10-20 所示。

图10-20 添加效果

08 选中"黑场视频"素材，在"效果控件"面板中调整"杂色数量"为 100%，并取消勾选"使用颜色杂色"复选框，如图 10-21 所示。

图10-21 设置参数

09 在"效果"面板中搜索"波形变形"效果，将该效果添加至"黑场视频"素材上，然后在"效

果控件"面板中展开"波形变形"效果，调整各波形参数，如图 10-22 所示。

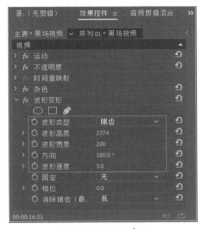

图10-22 设置参数

10 在"效果控件"面板中展开"不透明度"选项，降低"不透明度"至 68%，如图 10-23 所示。

图10-23 设置参数

11 执行"文件"→"新建"→"调整图层"命令，打开"调整图层"对话框，保持默认设置，单击"确定"按钮，如图 10-24 所示。

图10-24 "调整图层"对话框

12 将"项目"面板中的"调整图层"素材添加到 V3 轨道中，并调整素材使其与下方的"黑场视频"素材的首尾对齐，如图 10-25 所示。

图10-25 调整素材

13 在"效果"面板中搜索"杂色"效果，将该效果添加至"调整图层"素材上，然后在"效果控件"面板中展开"杂色"效果，调整"杂色数量"为 40%，如图 10-26 所示。

图10-26 设置参数

14 在"效果"面板中搜索"波形变形"效果，将该效果添加至"调整图层"素材上，然后在"效果控件"面板中展开"波形变形"效果，调整各波形参数，如图 10-27 所示。

图10-27 设置参数

15 将时间线移至 00:00:15:02 位置，执行"文件"→"新建"→"旧版标题"命令，打开"新建字幕"对话框，保持默认设置，单击"确定"按钮，如图 10-28 所示。

图10-28 "新建字幕"对话框

16 打开"字幕"对话框，在对话框左侧的工具箱中单击"文字工具"按钮 T，然后在工作区域单击键入文字"REWIND"（倒放），并在右侧的"旧版标题属性"面板中设置字体、颜色等参数，然后调整字幕至左上角位置，如图 10-29 所示。

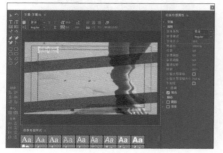

图10-29 调整字幕

17 在面板左侧的工具箱中单击"楔形工具"按钮 ◣，在工作区域中分别绘制两个与文字颜色相同的三角形，将它们放置到画面左上角，如图 10-30 所示。

图10-30 绘制三角形

18 单击对话框右上角的"关闭"按钮，返回工作界面。接着，将"项目"面板中的"字幕 01"素材添加至"时间轴"面板的 V4 视频轨道中，并调整素材使其与下方的"调整图层"素材的首尾对齐，如图 10-31 所示。

图10-31 添加素材

19 这样就完成了画面经典倒放效果的制作，读者还可以根据实际需求添加倒放音效，使效果更加真实。在"节目"监视器面板中可以预览最终视频效果。

10.3 多画面分屏效果

◆分析

本例将讲解多画面分屏效果的制作方法。首先为视频素材应用"线性擦除"效果，对画面进行分割，从而使多个画面在同一屏幕上播放；然后执行"文件"→"新建"→"旧版标题"命令，在"字幕"面板中沿着分割画面的边缘绘制矩形，添加边框效果。最终效果如图10-32所示。

难度：☆☆

资源文件：第10章\10-3

在线视频：第10章\10-3多画面分屏效果.mp4

图10-32 最终效果

◆知识点

1.应用"线性擦除"效果
2.创建图形元素

◆操作步骤

01 启动 Premiere Pro 2020,执行"文件"→"打开项目"命令(组合键 Ctrl + O),将素材文件夹中的"多画面分屏.prproj"文件打开。

02 进入工作界面后,将"项目"面板中的"植物 1.mp4"素材添加至 V1 轨道中;将"植物 2.mp4"素材添加至 V2 轨道中;将"植物 3.mp4"素材添加至 V3 轨道中,如图 10-33 所示。

03 将时间线移至 00:00:09:00 位置,然后使用"剃刀工具"✄沿时间线所处位置分别分割 3 段视频素材,如图 10-34 所示,操作完成后将时间线后的视频素材统一删除。

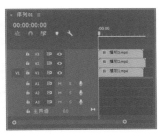

图10-33 添加素材

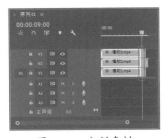

图10-34 分割素材

04 在"效果"面板中搜索"线性擦除"效果,将该效果添加至"植物 2.mp4"素材上,如图 10-35 所示。

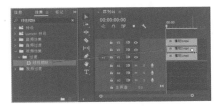

图10-35 添加效果

05 选中"植物 2.mp4"素材,在"效果控件"面板中调整素材的"运动"及"线性擦除"效果的参数,如图 10-36 所示。完成参数调整后,得到的对应画面效果如图 10-37 所示。

图10-36 设置参数

图10-37 预览效果

技巧

可暂时将 V2 轨道中的"植物 2.mp4"素材隐藏,方便观察当前操作时的画面效果。

06 用上述的方法,在"效果"面板中搜索"线性擦除"效果,将该效果添加至"植物 3.mp4"素材上。接着,在"效果控件"面板中调整素材的"运动"及"线性擦除"效果的参数,如图 10-38 所示。完成参数调整后,得到的对应画面效果如图 10-39 所示。

图10-38 设置参数

图10-39 预览效果

07 在"时间轴"面板中选中"植物1.mp4"素材，在"效果控件"面板中调整素材的"位置"及"缩放"参数，如图10-40所示，将画面调整到合适大小，效果如图10-41所示。

图10-40 设置参数

图10-41 预览效果

08 执行"文件"→"新建"→"旧版标题"命令，打开"新建字幕"对话框，设置"名称"为"边框"，如图10-42所示，完成后单击"确定"按钮。

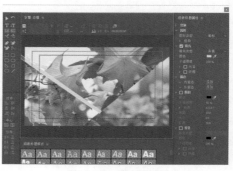

图10-42 "新建字幕"对话框

09 打开"字幕"对话框，在对话框左侧的工具箱中单击"矩形工具"按钮■，然后在工作区域中绘制矩形，为矩形设置合适的颜色，然后将矩形进行旋转并摆放到合适位置，如图10-43所示。

图10-43 绘制矩形

10 用同样的方法，在"字幕"对话框中绘制其他矩形，并摆放到合适位置，完成后的效果如图10-44所示。

图10-44 绘制其他矩形

11 单击对话框右上角的"关闭"按钮，返回工作界面。接着，将"项目"面板中的"边框"素材添加至"时间轴"面板的V4视频轨道中，并调整素材使其与下方的素材的首尾对齐，如图10-45所示。

图10-45 添加素材

12 这样就完成了多画面分屏效果的制作。在"节目"监视器面板中可以预览最终视频效果。

10.4 自动跟踪马赛克效果

◆分析

　　本例讲解自动跟踪马赛克效果的制作方法。在视频处理过程中，若需要对画面中某个移动的对象进行马赛克遮挡，逐帧添加马赛克势必是一件较为烦琐的事情，而自动跟踪马赛克可以让这项操作变得更加便捷和高效。自动跟踪马赛克主要是通过为对象应用"马赛克"效果，并在需要遮挡的部位绘制蒙版，然后单击"向前跟踪所选蒙版"按钮，来完成计算机的自动运算跟踪的。最终效果如图10-46所示。

难度：☆☆☆
资源文件：第10章\10-4
在线视频：第10章\10-4自动跟踪马赛克效果.mp4

图10-46　最终效果

◆知识点

1.应用"马赛克"效果
2.绘制蒙版
3."向前跟踪所选蒙版"按钮的应用

◆操作步骤

01 启动 Premiere Pro 2020，执行"文件"→"打开项目"命令（组合键 Ctrl + O），将素材文件夹中的"自动跟踪马赛克 .prproj"文件打开，在"节目"监视器面板中预览当前画面效果，如图10-47 所示。

图10-47　预览效果

02 进入工作界面，在"效果"面板中搜索"马赛克"效果，将该效果添加至"小狗 .mp4"素材上，如图 10-48 所示。

图10-48　添加效果

03 选中"小狗 .mp4"素材，在"效果控件"面板中展开"马赛克"效果,设置"水平块"与"垂直块"的参数值,如图 10-49 所示,调整完成后得到的马赛克效果如图 10-50 所示。

图10-49 设置参数

图10-50 预览效果

04 在"效果控件"面板中单击"马赛克"效果前的"切换效果开关"按钮 fx,将效果暂时隐藏。接着单击"自由绘制贝塞尔曲线"按钮 ,激活蒙版选项,如图 10-51 所示。

图10-51 单击按钮激活选项

05 将鼠标指针移动到"节目"监视器面板中,沿着黑色小狗的轮廓(即需要打上马赛克的部分)绘制蒙版,如图 10-52 所示。

图10-52 绘制蒙版

06 在"效果控件"面板中恢复"马赛克"效果的显示,然后单击"向前跟踪所选蒙版"按钮 ,如图 10-53 所示。

图10-53 单击按钮

07 弹出"正在跟踪"对话框,如图 10-54 所示,等待计算机完成运算。

图10-54 等待运算完成

08 这样就完成了自动跟踪马赛克效果的全部设置。在"节目"监视器面板中可以预览最终视频效果。

技巧

对于一些大幅运动的对象,Premiere Pro 2020 的运算结果可能略有偏差,因此自动跟踪运算最好应用于一些运动对象明确,且运动幅度较为平缓的对象。若对自动运算的结果不满意,则可以在"效果控件"面板中对"蒙版路径"的关键帧进行二次调整。

10.5 知识总结

　　本章深入讲解了多个视觉特效视频的制作方法，希望各位读者能够充分学习并掌握本章内容，为以后的视频制作打下基础。在进行视频制作时，读者不妨充分发挥自己的想象力，灵活运用Premiere Pro 2020提供的各种功能和效果，并结合自身视频的主题要求，营造出丰富的视觉特效，使平淡无奇的画面更加引人注目。

10.6 拓展训练

　　本章安排了两个拓展训练，来帮助读者巩固在Premiere Pro 2020中制作视觉特效视频的方法和技巧。

训练10-1　拉伸失真特效

难度：☆☆☆
资源文件：第10章\训练10-1
在线视频：第10章\训练10-1拉伸失真特效.mp4

◆分析

　　拉伸失真特效是时下一种比较流行的视频元素，在一些音乐MV中比较常见。本训练的制作流程可分为以下几点，首先将"时间轴"面板中的视频素材复制一层置于上方，然后为复制的素材添加"裁剪"效果，并在"效果控件"面板中调整"顶部"与"底部"参数；接着，再次为复制的素材添加"裁剪"效果，调整其"顶部"参数，并在对象上方绘制蒙版，勾选"已反转"复选框，并进行适当羽化，即可完成最终效果的制作。本训练的最终完成效果如图10-55所示。

图10-55　最终效果

图10-55　最终效果（续）

◆知识点

1.素材的复制
2.为素材应用"裁剪"效果
3.蒙版的应用

训练10-2　视频描边特效

难度：☆☆
资源文件：第10章\训练10-2
在线视频：第10章\训练10-2视频描边特效.mp4

◆分析

　　视频描边特效适用于Vlog短视频、家庭影像相册或项目展示。本训练的制作流程可分为以下几点，首先选中"时间轴"面板中的视频素材，适当调整其大小，并为素材应用"高斯模糊"效果；然后将视频素材复制一层，适当调整其大小，并为素材应用"径向阴影"效果，在"效果控件"面板中调整效果的参数，

完成整个效果的制作。本训练的最终完成效果
如图10-56所示。

图10-56 最终效果

图10-56 最终效果（续）

◆知识点

1.为素材应用"高斯模糊"效果

2.为素材应用"径向阴影"效果

第 **11** 章

视频的调色处理

　　本章将为各位读者讲解视频的调色处理。色彩对影片来说，是不可或缺的一部分。在视频制作中，色彩具有能影响观众心理和观影感受的主观作用。色彩有时会使观众心理上产生错觉，在刺激观众视觉后能对其产生深层次的影响。一般来说，暖色调可以使画面产生厚重、饱满和温暖的视觉感受，而冷色调则可以使画面产生安静、空荡和悲凉的视觉感受。在进行调色处理时，应根据影片的风格使用恰当的色调，这样可以进一步强化主观的视觉感受，让观众受到影片色调的影响，从而达到影片主题的有效传达。

◆分析

　　本例讲解如何为视频画面营造朦胧清新感。该效果的制作方法比较简单，首先为素材添加"高斯模糊"效果，调整效果的参数使画面产生朦胧感；然后打开"Lumetri颜色"面板，在其中调整"白平衡"及"色调"参数，使画面效果更加完美。最终效果如图11-1所示。

难度：☆☆
资源文件：第11章\11-1
在线视频：第11章\11-1打造朦胧感画面.mp4

图11-1　最终效果

◆知识点

1.应用"高斯模糊"效果
2."Lumetri颜色"面板中的参数调整

◆操作步骤

01 启动Premiere Pro 2020，执行"文件"→"打开项目"命令（组合键Ctrl + O），将素材文件夹中的"打造朦胧感画面.prproj"文件打开。

02 在"时间轴"面板中选中"花朵.mp4"素材，按住Alt键拖动复制视频素材至V2轨道中，如图11-2所示。

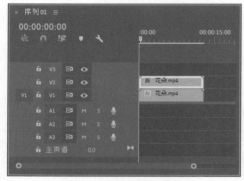

图11-2　复制素材

技巧

　　复制一层素材再进行后续操作，可以方便用户在操作时随时进行前后效果的比对。

03 在"效果"面板中搜索"高斯模糊"效果，将该效果添加至V2轨道中的"花朵.mp4"素材上，如图11-3所示。

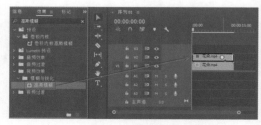

图11-3　添加效果

04 选中V2轨道中的"花朵.mp4"素材，在"效果控件"面板中调整"不透明度"及"高斯模糊"

效果的参数，如图 11-4 所示。调整完成后，得到的对应画面效果如图 11-5 所示。

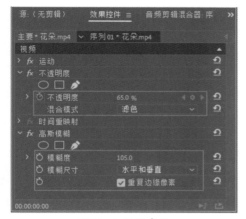

图11-4　设置参数

图11-5　预览效果

05 选中 V2 轨道中的"花朵 .mp4"素材，执行"窗口"→"Lumetri 颜色"命令，打开"Lumetri 颜色"面板，在其中调整"白平衡"及"色调"参数，使画面效果更加完美，如图 11-6 所示。

图11-6　调整参数

06 可在"节目"监视器面板中预览最终视频效果。本案例画面的前后对比效果如图 11-7 所示。

图11-7　调整前后效果对比

11.2　保留画面单色

◆分析

　　本例主要讲解保留画面单色的操作方法，该操作主要在"Lumetri颜色"面板中完成。在一些经典电影片段中，可以看到创作者仅保留了画面中的某一种颜色，这种调色手法不仅可以使画面产生强烈的视觉冲击，还能让观众深刻体会到创作者想要传达的情感。最终效果如图11-8所示。

难度：☆☆☆☆
资源文件：第11章\11-2
在线视频：第11章\11-2保留画面单色.mp4

图11-8 最终效果

◆知识点

1.调整"HSL辅助"参数
2.调整"优化"参数

◆操作步骤

01 启动Premiere Pro 2020,执行"文件"→"打开项目"命令(组合键 Ctrl + O),将素材文件夹中的"保留画面单色 .prproj"文件打开。在"节目"监视器面板中预览当前画面效果,如图11-9 所示。

图11-9 预览效果

02 在"时间轴"面板中选中"雏菊 .mp4"素材,

按住 Alt 键拖动复制视频素材至 V2 轨道中,如图11-10 所示。

图11-10 复制素材

03 选中 V2 轨道中的"雏菊 .mp4"素材,执行"窗口"→"Lumetri 颜色"命令,打开"Lumetri 颜色"面板,在其中选择"HSL 辅助"选项,如图 11-11 所示。

图11-11 选择"HSL辅助"选项

04 展开"HSL 辅助"选项,在"键"选项中完成参数的设置,如图 11-12 所示。

图11-12 设置参数

05 在"节目"监视器面板中预览当前画面效果,如图 11-13 所示。

图11-13 预览效果

06 在"Lumetri 颜色"面板中单击"设置颜色"选项右侧的 ✎ 按钮，然后移动鼠标指针至"节目"监视器面板中，吸取花朵中的黄色，如图 11-14 所示。

图11-14 吸取颜色

07 在"Lumetri 颜色"面板中拖动 HSL 参数滑块，如图 11-15 所示，使当前画面中仅保留黄色的花朵，其余部分变为灰色，效果如图 11-16 所示。

图11-15 拖动参数滑块

图11-16 预览效果

08 在"Lumetri 颜色"面板中展开"优化"选项，调整"降噪"与"模糊"参数，如图 11-17 所示，优化画面效果。

图11-17 设置参数

09 在"键"选项下单击 ▣ 按钮，此时在"节目"监视器面板中预览画面，会发现灰色区域发生反转，效果如图 11-18 所示。

图11-18 预览效果

10 展开"更正"选项，将"饱和度"调整为 0，如图 11-19 所示。

图11-19 调整饱和度

11 调整"饱和度"后，在"节目"监视器面板中预览画面会发现此时的画面变为黑白状态，如图 11-20 所示。

12 在"Lumetri 颜色"面板中取消勾选"彩色/灰色"选项前的复选框，如图 11-21 所示。

图11-20 预览效果

图11-21 取消勾选复选框

13 这样就完成了保留画面单色的全部操作，可以在"节目"监视器面板中预览最终视频效果。本案例画面的前后对比效果如图11-22所示。

图11-22 调整前后效果对比

◆分析

    本例主要讲解梦幻鲸鱼岛片段的合成与调色方法。制作的要点在于，首先需要调整素材的"位置"和"缩放"等基本参数，以使两个画面较好地融合在一起；接着需要在"Lumetri颜色"面板中对颜色参数进行调整，以使两个原本色调不同的对象变为同样的色调，从而实现画面的统一。最终效果如图11-23所示。

难度：☆☆☆
资源文件：第11章\11-3
在线视频：第11章\11-3打造梦幻鲸鱼岛画面.mp4

图11-23 最终效果

图11-23 最终效果(续)

◆知识点

1.创建"调整图层"
2.应用"裁剪"效果
3.添加"位置"关键帧
4."Lumetri颜色"面板中的参数调整

◆操作步骤

01 启动 Premiere Pro 2020,执行"文件"→"打开项目"命令(组合键 Ctrl + O),将素材文件夹中的"梦幻鲸鱼岛.prproj"文件打开。

02 进入工作界面,将"项目"面板中的"风景.mp4"素材添加至"时间轴"面板的 V1 轨道中,如图 11-24 所示。

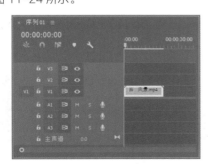

图11-24 添加素材

03 执行"文件"→"新建"→"调整图层"命令,打开"调整图层"对话框,保持默认设置,单击"确定"按钮,如图 11-25 所示。

图11-25 "调整图层"对话框

04 将"项目"面板中的"调整图层"添加到 V3 轨道中,并调整素材长度,使其与 V1 轨道中的"风景.mp4"素材长度一致,如图 11-26 所示。

图11-26 添加并调整素材

05 在"效果"面板中搜索"裁剪"效果,将该效果添加至 V3 轨道中的"调整图层"素材上,然后在"效果控件"面板中展开"裁剪"效果,调整"顶部"和"底部"参数,如图 11-27 所示。

图11-27 设置参数

06 在画面的上方出现了遮幅效果,如图 11-28 所示。

图11-28 预览效果

07 将"项目"面板中的"鲸鱼.mov"素材添加至"时间轴"面板的V2轨道中,如图11-29所示。

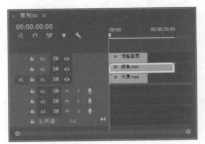

图11-29 添加素材

08 右击V2轨道中的"鲸鱼.mov"素材,在弹出的快捷菜单中执行"速度/持续时间"命令,打开"剪辑速度/持续时间"对话框,调整"持续时间"为00:00:21:23,如图11-30所示,完成后单击"确定"按钮。

图11-30 设置参数

09 选中"鲸鱼.mov"素材,在"效果控件"面板中调整"缩放"参数值为29,然后调整"位置"参数值为−74、274,并单击"位置"参数前的"切换动画"按钮 ⏱,在当前时间点创建第1个关键帧,如图11-31所示。

图11-31 调整参数并创建关键帧

10 将时间线移至00:00:10:14位置,在"效果控件"面板中调整"位置"参数值为600、231,创建第2个关键帧,如图11-32所示。

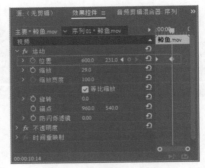

图11-32 创建第2个关键帧

11 将时间线移至00:00:21:18位置,在"效果控件"面板中调整"位置"参数值为1213、266,创建第3个关键帧,如图11-33所示。

图11-33 创建第3个关键帧

12 在"节目"监视器面板中预览当前动画效果,如图11-34所示。

图11-34 预览效果

13 选中 V1 轨道中的"风景 .mp4"素材，执行"窗口"→"Lumetri 颜色"命令，打开"Lumetri 颜色"面板，展开"基本校正"选项，调整"白平衡"及"色调"参数，如图 11-35 所示。

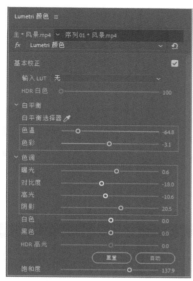

图11-35 设置参数

14 在"Lumetri 颜色"面板中展开"曲线"选项，调整蓝色 RGB 曲线，如图 11-36 所示。

图11-36 调整蓝色RGB曲线

15 用同样的方法，选中 V2 轨道中的"鲸鱼 .mov"素材，在"Lumetri 颜色"面板中调整

素材的"白平衡"及"色调"参数，如图 11-37 所示。

图11-37 设置参数

16 "风景 .mp4"素材和"鲸鱼 .mov"素材的色调被统一，调整前后效果对比如图 11-38 所示。

图11-38 调整前后效果对比

17 可以在"节目"监视器面板中预览最终视频效果。

11.4 知识总结

调色对影片创作来说是一把"双刃剑",不进行调色,或者调色不正确,都会使影片在视觉上大打折扣;而调色过于浮夸和随意,又会使画面显得突兀、不自然。在进行视频调色处理时,要注意色调应与影片主题相吻合,不要过分夸张。恰到好处的调色不仅可以唤起观众的观赏情绪,甚至还能奠定影片的风格和基调。

11.5 拓展训练

本章安排了两个拓展训练,来帮助读者巩固在Premiere Pro 2020中进行视频调色处理的方法和技巧。

训练11-1 打造胶片电影风格影片

难度:☆☆☆

资源文件:第11章\训练11-1

在线视频:第11章\训练11-1打造胶片电影风格影片.mp4

◆分析

Premiere Pro 2020为用户进行画面调色处理工作提供了极大的便利。本训练的制作流程可分为以下几点。首先为视频素材执行"速度/持续时间"命令,将视频素材的播放速度减慢。然后创建一个调整图层,并将其添加至视频素材上方,为其添加"裁剪"效果,调整其参数来完成遮幅效果的制作。接着为视频素材添加"Lumetri颜色"效果,然后在"效果控件"面板中展开"创意"选项,在"Look"选项的下拉列表框中选择"Fuji F125 Kodak 2393"效果,完成全部的调色工作。最后读者还可以根据实际需求,在项目中添加字幕和背景音乐等元素,来增强影片的整体氛围。本训练的最终完成效果如图11-39所示。

图11-39 最终效果

◆知识点

1.调整视频素材的持续时间
2.创建"调整图层"
3.应用"裁剪"效果制作遮幅效果
4.应用"Lumetri颜色"效果快速调色

训练11-2 打造浓郁胶片色画面

难度：☆☆

资源文件：第11章\训练11-2

在线视频：第11章\训练11-2打造浓郁胶片色画面.mp4

◆分析

　　胶片色适合为影片营造清新的氛围，是一种比较实用的影片色调。本训练主要通过为素材分别添加"颜色平衡（HLS）"和"颜色平衡"效果，制作浓郁胶片色色调的画面。本训练的最终完成效果如图11-40所示。

图11-40 最终效果

◆知识点

1.应用"颜色平衡（HLS）"效果
2.应用"颜色平衡"效果

第 **12** 章

制作文字效果

本章将讲解几款文字效果的制作方法。文字元素在视频中可以起到画龙点睛的作用。为视频添加文字和动画效果，不仅可以向观众传递影片信息，还可以使影片看上去更加生动有趣。

教学目标

学习故障毛刺文字的制作　|　学习创意遮罩文字的制作
学习雾面玻璃文字的制作

◆分析

　　本例讲解故障毛刺文字的制作方法。该文字效果的制作要点可分为以下几点，首先在"字幕"对话框中创建字幕素材；接着复制多层字幕素材，并为它们应用"颜色平衡（RGB）"效果来制作RGB失真分离效果，然后将这些字幕素材"嵌套"为一个整体；最后为字幕素材应用"波形变形"效果，调整效果的参数进一步制作出故障毛刺效果。最终效果如图12-1所示。

难度：☆☆☆☆
资源文件：第12章\12-1
在线视频：第12章\12-1故障毛刺文字.mp4

图12-1　最终效果

◆知识点

1.创建字幕素材
2.复制字幕素材
3.RGB失真分离效果的制作
4.执行"嵌套"命令
5.应用"波形变形"效果
6.使用"剃刀工具"🔪分割素材

◆操作步骤

01 启动 Premiere Pro 2020，执行"文件"→"打开项目"命令（组合键 Ctrl + O），将素材文件夹中的"故障毛刺文字 .prproj"文件打开。

02 进入工作界面，执行"文件"→"新建"→"旧版标题"命令，打开"新建字幕"对话框，设置字幕"名称"为"故障毛刺文字"，如图 12-2 所示，完成后单击"确定"按钮。

图12-2　设置名称

03 打开"字幕"对话框，在对话框左侧的工具箱中单击"文字工具"按钮🅣，然后在工作区域中单击输入文字，并在右侧的"旧版标题属性"面板中设置字体、颜色等参数，然后调整字幕至合适位置，如图 12-3 所示。

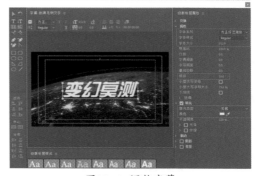

图12-3　调整字幕

04 单击对话框右上角的"关闭"按钮，返回工作界面。接着，将"项目"面板中的"故障毛刺文字"素材添加至"时间轴"面板的 V2 轨道中，如图 12-4 所示。

图12-4 添加素材

05 在"时间轴"面板中选中 V2 轨道中的"故障毛刺文字"素材，按住 Alt 键分别拖动复制 3 层素材至 V3~V5 轨道中，如图 12-5 所示。

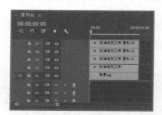

图12-5 复制素材

06 在"效果"面板中搜索"颜色平衡（RGB）"效果，将该效果分别添加至 V3~V5 轨道中的文字素材上，如图 12-6 所示。

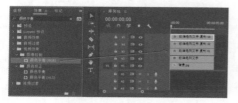

图12-6 添加效果

07 选中 V3 轨道中的"故障毛刺文字 复制01"素材，在"效果控件"面板中展开"颜色平衡（RGB）"效果，调整各颜色参数值，然后设置"不透明度"中的"混合模式"为"滤色"，如图 12-7 所示。

图12-7 设置参数

08 选中 V4 轨道中的"故障毛刺文字 复制02"素材，在"效果控件"面板中展开"颜色平衡（RGB）"效果，调整各颜色参数值，然后设置"不透明度"中的"混合模式"为"滤色"，再调整素材的"位置"和"缩放"参数，如图 12-8 所示。

图12-8 设置参数

09 选中 V5 轨道中的"故障毛刺文字 复制03"素材，在"效果控件"面板中展开"颜色平衡（RGB）"效果，调整各颜色参数值，然后设置"不透明度"中的"混合模式"为"滤色"，再调整素材的"位置"和"缩放"参数，如图 12-9 所示。

图12-9 设置参数

10 得到的对应画面效果如图 12-10 所示。

图12-10 预览效果

11 同时选中 V3~V5 轨道中的文字素材，右击，在弹出的快捷菜单中执行"速度/持续时间"命令，打开"剪辑速度/持续时间"对话框，在其中调整"持续时间"参数，如图 12-11 所示，完成后单击"确定"按钮。

图12-11 设置参数

12 同时选中 V3~V5 轨道中的文字素材，右击，在弹出的快捷菜单中执行"嵌套"命令，如图 12-12 所示。弹出"嵌套序列名称"对话框，单击"确定"按钮，即可完成所选素材的嵌套操作，如图 12-13 所示。

图12-12 执行"嵌套"命令

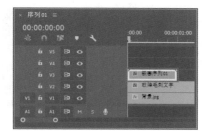

图12-13 完成素材的嵌套

13 为了方便观察，将 V2 轨道中的"故障毛刺文字"素材暂时隐藏。接着，在"效果"面板中搜索"波形变形"效果，将该效果添加至 V3 轨道中的"嵌套序列 01"素材上，如图 12-14 所示。

图12-14 添加效果

14 选中"嵌套序列 01"素材，在"效果控件"面板中展开"波形变形"效果，调整波形的参数，如图 12-15 所示。完成调整后，在"节目"监视器面板中得到的对应画面效果如图 12-16 所示。

图12-15 设置参数

图12-16 预览效果

15 将 V2 轨道中的"故障毛刺文字"素材恢复显示。将时间线移至 00:00:01:20，将"嵌套序列 01"素材拖至时间线后方，然后使用"剃刀工具"对 V2 轨道中的"故障毛刺文字"素材进行分割（参照"嵌套序列 01"素材的位置进行分割），如图 12-17 所示。

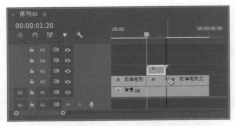

图12-17 分割素材

16 将分割后位于时间线后的"故障毛刺文字"素材删除，如图 12-18 所示。

图12-18 删除素材

17 将时间线移至 00:00:00:06，选中"嵌套序列 01"素材，按住 Alt 键拖动复制素材至时间线后方，然后拖动调整素材，将该素材的"持续时间"缩短，如图 12-19 所示。

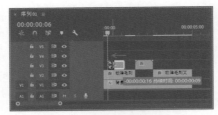

图12-19 拖动并调整素材

18 用之前的方法，使用"剃刀工具"对 V2 轨道中的"故障毛刺文字"素材进行分割操作，并将多余的素材删除，如图 12-20 所示。

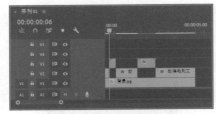

图12-20 分割并删除素材

19 在"时间轴"面板中复制多个"嵌套序列 01"素材，再在"效果控件"面板中适当调整素材的"缩放"参数，可以使视觉效果更加丰富。这里由于篇幅原因，因此不再重复讲解。

12.2 创意遮罩文字

◆分析

　　本例讲解创意遮罩文字的制作方法。首先在"字幕"面板中创建字幕素材；然后为底层背景素材应用"轨道遮罩键"效果，并复制多层背景素材；最后对应每一个背景图层，在文字上方逐一绘制蒙版，完成文字动画的制作。最终效果如图12-21所示。

难度：☆☆☆
资源文件：第12章\12-2
在线视频：第12章\12-2创意遮罩文字.mp4

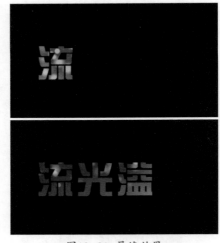

图12-21 最终效果

图12-21 最终效果（续）

◆知识点

1.创建字幕

2.应用"轨道遮罩键"效果

3.绘制蒙版

◆操作步骤

01 启动 Premiere Pro 2020，执行"文件"→"打开项目"命令（组合键 Ctrl + O），将路径文件夹中的"遮罩文字动画.prproj"文件打开。

02 进入工作界面后，执行"文件"→"新建"→"旧版标题"命令，打开"新建字幕"对话框，设置字幕"名称"为"遮罩文字"，如图 12-22 所示，完成后单击"确定"按钮。

图12-22 设置名称

03 打开"字幕"对话框，在对话框左侧的工具箱中单击"文字工具"按钮T，然后在工作区域中单击输入文字，并在右侧的"旧版标题属性"面板中设置字体、颜色等参数，然后调整字幕至合适位置，如图 12-23 所示。

图12-23 调整字幕

04 单击对话框右上角的"关闭"按钮，返回工作界面。接着，将"项目"面板中的"遮罩文字"素材添加至"时间轴"面板的 V2 轨道中，如图 12-24 所示。

图12-24 添加素材

05 在"效果"面板中搜索"轨道遮罩键"效果，将该效果添加至"背景.mp4"素材上，如图 12-25 所示。

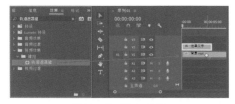

图12-25 添加效果

06 选中"背景.mp4"素材，在"效果控件"面板中展开"轨道遮罩键"效果，在"遮罩"下拉列表框中选择"视频2"选项，如图 12-26 所示，完成该操作后得到的对应画面效果如图 12-27 所示。

图12-26 设置参数

图12-27 预览效果

07 若要创建单个文字的遮罩动画效果，则需要对素材进行多次复制操作。在"时间轴"面板中将"遮罩文字"素材移到V5轨道上，此时由于素材的摆放轨道发生了变化，因此相应地需要选中"背景.mp4"素材，在"效果控件"面板中将"遮罩"设置为"视频5"，如图12-28所示。

图12-28 修改遮罩参数

08 选中V1轨道中的"背景.mp4"素材，按住Alt键将素材分别拖动复制到V2~V4轨道中，如图12-29所示。

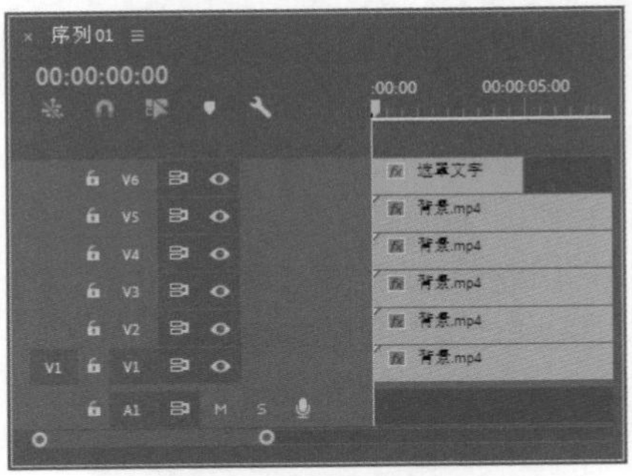

图12-30 绘制遮罩形状

图12-31 绘制遮罩形状

11 选中V2轨道中的"背景.mp4"素材，在"效果控件"面板中展开"不透明度"选项，单击其中的"自由绘制贝塞尔曲线"按钮，然后移动鼠标指针至"节目"监视器面板中，围绕第3个文字绘制遮罩形状，如图12-32所示。

图12-32 绘制遮罩形状

09 选中V4轨道中的"背景.mp4"素材，在"效果控件"面板中展开"不透明度"选项，单击其中的"自由绘制贝塞尔曲线"按钮，然后移动鼠标指针至"节目"监视器面板中，围绕第1个文字绘制遮罩形状，如图12-30所示。

10 选中V3轨道中的"背景.mp4"素材，在"效果控件"面板中展开"不透明度"选项，单击其中的"自由绘制贝塞尔曲线"按钮，然后移动鼠标指针至"节目"监视器面板中，围绕第2个文字绘制遮罩形状，如图12-31所示。

图12-29 复制素材

12 选中V1轨道中的"背景.mp4"素材，在"效果控件"面板中展开"不透明度"选项，单击其中的"自由绘制贝塞尔曲线"按钮，然后移动鼠标指针至"节目"监视器面板中，围绕第4个文字绘制遮罩形状，如图12-33所示。

图12-33 绘制遮罩形状

13 在"时间轴"面板中调整各素材的长度，如图12-34所示，完成最终效果的制作。

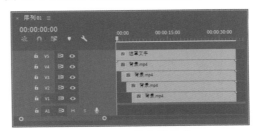

图12-34 调整素材长度

12.3 雾面玻璃文字

◆分析

本例主要讲解雾面玻璃文字的制作，该效果文字主要通过为素材应用"亮度与对比度"效果、"快速模糊"效果、"交叉溶解"效果和"裁剪"效果来完成。最终效果如图12-35所示。

难度：☆☆☆
资源文件：第12章\12-3
在线视频：第12章\12-3雾面玻璃文字.mp4

图12-35 最终效果

图12-35 最终效果（续）

◆知识点

1.应用"亮度与对比度"效果
2.应用"快速模糊"效果
3.应用"交叉溶解"效果
4.应用"裁剪"效果

◆操作步骤

01 启动 Premiere Pro 2020，执行"文件"→"打开项目"命令（组合键 Ctrl + O），将路径文件夹中的"雾面玻璃文字.prproj"文件打开。

02 进入工作界面，将"项目"面板中的"背景.mp4"素材添加到 V1 轨道中，将"雨

水 .mp4"素材添加到 V2 轨道中，如图 12-36 所示。

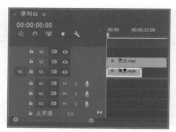

图12-36 添加素材

03 在"效果"面板中搜索"亮度与对比度"效果，将该效果添加至"雨水 .mp4"素材上。添加效果后，选中"雨水 .mp4"素材，在"效果控件"面板中调整"缩放"参数值为 67，然后展开"亮度与对比度"效果，调整"亮度"及"对比度"参数，接着将"不透明度"中的"混合模式"设置为"强光"，如图 12-37 所示。

图12-37 设置参数

04 在"节目"监视器面板中预览当前画面效果，如图 12-38 所示。

图12-38 预览效果

05 在"时间轴"面板中右击"背景 .mp4"素材，

在弹出的快捷菜单中执行"速度/持续时间"命令，打开"剪辑速度/持续时间"对话框，调整"持续时间"为 00:00:25:00，如图 12-39 所示，完成后单击"确定"按钮。

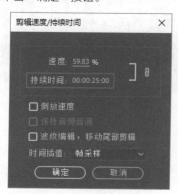

图12-39 设置参数

06 选中 V1 轨道中的"背景 .mp4"素材，在"效果控件"面板中调整素材的"缩放"参数值为 115，如图 12-40 所示。

图12-40 设置参数

07 在"效果"面板中搜索"快速模糊"效果，将该效果添加至"背景 .mp4"素材上。添加效果后，选中"背景 .mp4"素材，在"效果控件"面板中调整"模糊度"参数值为 42，如图 12-41 所示。

图12-41 设置参数

08 在"工具箱"中单击"文字工具"按钮**T**，

然后在"节目"监视器面板中单击输入文字，并将文字调整到合适的大小及位置，效果如图 12-42 所示。

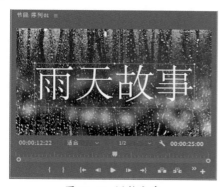

图12-42 调整文字

09 选中文字对象，在"效果控件"中展开"文本"选项，调整文字的字体及填充颜色，如图 12-43 所示。

图12-43 设置参数

10 在"效果控件"面板中，设置"不透明度"中的"混合模式"为"柔光"，如图 12-44 所示。

图12-44 设置参数

11 此时在"节目"监视器面板中预览当前画面效果，会发现文字比较暗淡，与背景画面融合在一起后看不清楚，如图 12-45 所示。

图12-45 预览效果

12 在"效果"面板中搜索"亮度与对比度"效果，将该效果添加至"背景 .mp4"素材上。添加效果后，选中"背景 .mp4"素材，在"效果控件"面板中展开"亮度与对比度"效果，调整"亮度"及"对比度"参数，如图 12-46 所示。

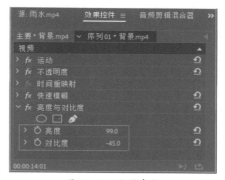

图12-46 设置参数

13 再次预览画面效果，可以看到文字很清晰地显示出来了，同时玻璃的雾面效果也更加明显了，如图 12-47 所示。

图12-47 预览效果

14 在"时间轴"面板中右击"雨天故事"文本素材，在弹出的快捷菜单中执行"速度 / 持续时间"命令，打开"剪辑速度 / 持续时间"对话框，调整"持续时间"为 00:00:22:15，如图 12-48

所示，完成后单击"确定"按钮。

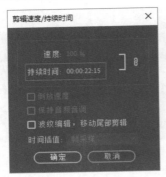

图12-48 设置参数

15 在"时间轴"面板中将时间线移至00:00:02:10处，然后将"雨天故事"文本素材移至时间线后方，如图12-49所示。

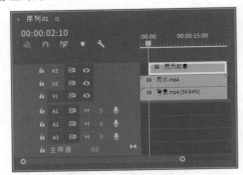

图12-49 调整素材

16 在"效果"面板中搜索"交叉溶解"效果，将该效果添加至"雨天故事"素材起始处，然后选中效果，在"效果控件"面板中调整效果的"持续时间"参数，如图12-50所示。

图12-50 设置参数

17 执行"文件"→"新建"→"调整图层"命令，打开"调整图层"对话框，保持默认设置，单击"确定"按钮，如图12-51所示。

图12-51 "调整图层"对话框

18 将"项目"面板中的"调整图层"素材添加到V4轨道中，并调整素材的长度，使其与"背景.mp4"素材的长度保持一致。接着，在"效果"面板中搜索"裁剪"效果，将该效果添加至"调整图层"素材中，如图12-52所示。

图12-52 添加效果

19 选中"调整图层"素材，在"效果控件"面板中展开"裁剪"效果，调整其中的"顶部"和"底部"参数，如图12-53所示。完成遮幅效果的制作，效果如图12-54所示。

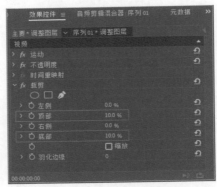

图12-53 设置参数

图12-54 预览效果

12.4 知识总结

在前面的章节中已经讲解了创建字幕与图形的各类基本操作，本章则继续以案例的形式为读者扩展介绍了几款文字效果的制作方法。在Premiere Pro 2020中创建字幕元素的方法有很多，读者可以本着探索精神多进行尝试制作。其实字幕与视频和图像素材一样，添加不同的样式、效果和关键帧等，就能创造出丰富的视觉效果，从而为作品增添光彩。

12.5 拓展训练

本章安排了两个拓展训练，来帮助读者巩固在Premiere Pro 2020中制作文字效果的方法和技巧。

训练12-1 霓虹闪烁文字

难度：☆☆
资源文件：第12章\训练12-1
在线视频：第12章训练12-1霓虹闪烁文字.mp4

◆分析

本训练的制作流程可分为以下几点。首先使用"文字工具"在"节目"监视器面板中快速创建文字，并在"效果控件"面板中设置文字的字体及描边参数。接着为文字素材添加"闪光灯"效果，在"效果控件"面板中为"闪光色"效果设置多个关键帧，并将"闪光持续时间"设置为0，即可完成霓虹闪烁文字的制作。本训练的最终完成效果如图12-55所示。

图12-55 最终效果

图12-55 最终效果（续）

训练12-2 复古卡拉OK风格字幕

难度：☆☆
资源文件：第12章\训练12-2
在线视频：第12章\训练12-2复古卡拉OK风格字幕.mp4

◆分析

　　复古卡拉OK风格字幕的制作比较简单。本训练的制作流程可分为以下几点。首先使用"文字工具"在"节目"监视器面板中快速创建基本字幕，并在"效果控件"面板中设置文字的基本参数。接着复制一层字幕置于原字幕素材上方，修改该字幕的填充颜色。最后为复制的字幕素材添加"划出"效果，再在"效果控件"面板中根据需要调整效果的持续时间，即可完成卡拉OK风格字幕效果的制作。本训练的最终完成效果如图12-56所示。

图12-56　最终效果

图12-56　最终效果（续）

◆知识点